多聚焦图像像素级融合算法研究

张永新 著

科学出版社

北京

内 容 简 介

本书针对现有多聚焦图像像素级融合方法存在的不足，在空间域内对多聚焦图像像素级融合算法进行了深入研究，主要内容包括基于 RPCA 与 PCNN 的多聚焦图像融合算法、基于 RPCA 与四叉树分解的多聚焦图像融合算法、基于图像分解的多聚焦图像多成分融合算法、基于 NMF 与聚焦区域检测的多聚焦图像融合算法等。

本书内容丰富、新颖，可供相关人员参考使用。

图书在版编目(CIP)数据

多聚焦图像像素级融合算法研究/张永新著. —北京：科学出版社，2017.6
ISBN 978-7-03-053494-1

Ⅰ.①多… Ⅱ.①张… Ⅲ.①图像处理-研究 Ⅳ.①TP391.413

中国版本图书馆 CIP 数据核字（2017）第 137722 号

责任编辑：胡庆家　赵　鹏／责任校对：邹慧卿
责任印制：张　伟／封面设计：铭轩堂

科学出版社 出版
北京东黄城根北街 16 号
邮政编码：100717
http://www.sciencep.com

北京建宏印刷有限公司印刷
科学出版社发行　各地新华书店经销
*
2017 年 6 月第 一 版　开本：720×1000　B5
2017 年 6 月第一次印刷　印张：10
字数：140 000

定价：68.00 元
（如有印装质量问题，我社负责调换）

前　　言

　　多聚焦图像融合是多源图像融合领域的一个重要分支,主要用于同一光学传感器在相同成像条件下获取的聚焦目标不同的多幅图像的融合处理。由于聚焦范围有限,光学成像系统不能将焦点内外的所有目标同时清晰成像,导致图像分析时需要耗费大量的时间和精力。多聚焦图像融合是一种解决光学成像系统聚焦范围局限性问题的有效方法,可以有效提高图像信息的利用率,扩大系统工作范围,增强系统可靠性,更加准确地描述场景中的目标信息。目前,该技术广泛应用于交通、医疗、物流、军事等领域。

　　多聚焦图像像素级融合是多聚焦图像融合的基础,它获得的原始信息最多,能够提供更多的细节信息。如何准确定位并有效提取源图像中的聚焦区域是多聚焦图像像素级融合的关键。由于受图像内容复杂性影响,传统的多聚焦图像像素级融合方法很难对源图像中聚焦区域准确定位,且融合图像质量并不理想。本书针对现有多聚焦图像像素级融合方法存在的不足,在空间域内对多聚焦图像像素级融合算法进行了深入研究。主要研究内容如下:

　　(1) 提出了基于鲁棒主成分分析(Robust Principal Component Analysis, RPCA)与脉冲耦合神经网络(Pulse Coupled Neural Network, PCNN)的多聚焦图像融合算法。根据 RPCA 构建的低维线性子空间可表示高维图像数据,增强目标特征信息,对噪声具有鲁棒性的特点,将源图像在 RPCA 分解域的稀疏特征作为 PCNN 神经元的外部输入,并根据 PCNN 神经元的点火频率来定位源图像中的聚焦区域,增强了融合算法对噪声的鲁棒性,提高了融合图像质量。

(2)提出了基于 RPCA 与四叉树分解相结合的多聚焦图像融合算法。利用源图像稀疏矩阵的区域一致性进行块划分,有利于提高聚焦区域信息提取的完整性和准确性。此外,四叉树分解用树结构存储图像块划分结果,有利于提高源图像递归剖分的效率。该算法在自适应确定最优分块大小的基础上,利用稀疏矩阵各稀疏矩阵子块的局部特征检测源图像的聚焦区域,抑制了"块效应"对融合图像质量的影响,取得了良好的融合效果。

(3)提出了基于图像分解的多成分图像融合算法。利用基于全变差(Rudin-Osher-Fatemi,ROF)模型的 Split Bregman 算法将源图像分解为卡通和纹理部分,用卡通成分和纹理成分中像素邻域窗口的梯度能量(Energy of Image Gradient,EOG)检测聚焦区域像素,并根据融合规则对这些像素进行融合,将融合后的卡通和纹理部分合并实现图像融合。该算法提高了融合算法对源图像几何特征描述的完整性,提升了融合算法性能,改善了融合图像的视觉效果。

(4)提出了基于非负矩阵分解(Non-negative Matrix Factorization,NMF)和聚焦区域检测的多聚焦图像融合算法。利用 NMF 的纯加性和稀疏性,对多聚焦图像进行初始融合,利用初始融合图像与源图像间的差异图像的局部梯度特征检测聚焦区域,根据融合规则将检测到的聚焦区域进行合并得到最后的融合图像。该算法提高了聚焦区域检测准确性,改善了传统 NMF 融合算法所得融合图像对比度,提高了融合图像质量。

最后,对本书的主要研究工作和创新点进行总结,并对未来研究方向进行了展望。

此外,本书得到了以下项目和平台支持:

1. 项目

(1)国家自科科学基金青年基金项目"多特征驱动的彩色多聚焦图

像融合理论与方法研究"（61502219）；

（2）中国博士后科学基金面上项目"多特征驱动的彩色多聚焦图像融合关键技术研究"（2015M582697）；

（3）河南省高校科技创新人才支持计划项目"彩色多聚焦图像融合理论研究"（17HASTIT024）；

（4）国家重点研发计划"中意智慧城市合作研究室"项目（2016YFE0104600）。

2. 平台

（1）洛阳师范学院"旅游管理"河南省优势特色学科；

（2）洛阳师范学院协同创新中心；

（3）河南省智慧城市国际联合实验室；

（4）河南省智慧旅游产业技术创新战略联盟；

（5）河南省旅游大数据技术研究院。

作　者

2017 年 1 月

目 录

前言

第1章 绪论 ·· 1
  1.1 研究的背景和意义 ·· 1
  1.2 多聚焦图像融合的层次划分 ·· 3
  1.3 多聚焦图像像素级融合算法 ·· 5
    1.3.1 空间域多聚焦图像融合算法 ································· 6
    1.3.2 变换域多聚焦图像融合算法 ································ 12
  1.4 多聚焦图像融合质量评价 ··· 16
    1.4.1 融合图像质量主观评价 ···································· 17
    1.4.2 融合图像质量客观评价 ···································· 18
  1.5 本书主要研究内容 ·· 21
  1.6 本书的结构安排 ·· 22

第2章 基于 RPCA 与 PCNN 的多聚焦图像融合算法 ··· 24
  2.1 引言 ·· 24
  2.2 RPCA 分解模型 ··· 26
    2.2.1 RPCA 基本原理 ··· 27
    2.2.2 RPCA 图像分解模型 ····································· 29
  2.3 PCNN 模型 ·· 32
    2.3.1 PCNN 神经元模型 ······································· 32

2.3.2 PCNN 图像处理模型 …………………………………… 36
2.4 基于 RPCA 与 PCNN 的多聚焦图像融合 …………………… 38
　　2.4.1 算法原理 ……………………………………………… 38
　　2.4.2 融合规则 ……………………………………………… 39
2.5 实验结果与分析 …………………………………………………… 41
　　2.5.1 实验参数设置 ………………………………………… 42
　　2.5.2 实验结果 ……………………………………………… 42
　　2.5.3 实验结果主观评价 …………………………………… 47
　　2.5.4 实验结果客观评价 …………………………………… 48
2.6 本章小结 ………………………………………………………… 49

第 3 章　基于 RPCA 与四叉树分解的多聚焦图像融合算法 …………………………………………………………… 50

3.1 引言 ……………………………………………………………… 50
3.2 四叉树分解模型 ………………………………………………… 52
　　3.2.1 图像区域分割与合并 ………………………………… 52
　　3.2.2 区域一致性标准 ……………………………………… 54
　　3.2.3 四叉树分解基本原理 ………………………………… 57
　　3.2.4 基于 RPCA 的四叉树分解模型 ……………………… 59
3.3 基于 RPCA 与四叉树分解的多聚焦图像融合 ……………… 61
　　3.3.1 算法原理 ……………………………………………… 61
　　3.3.2 融合规则 ……………………………………………… 63
3.4 实验结果与分析 ………………………………………………… 65
　　3.4.1 实验参数设置 ………………………………………… 65
　　3.4.2 实验结果 ……………………………………………… 66
　　3.4.3 实验结果主观评价 …………………………………… 70
　　3.4.4 实验结果客观评价 …………………………………… 71

3.5 本章小结 ··· 72

第4章 基于图像分解的多聚焦图像多成分融合算法 ······ 74
4.1 引言 ··· 74
4.2 图像分解基本模型 ··· 76
    4.2.1 ROF 模型 ·· 77
    4.2.2 VO 模型 ·· 78
    4.2.3 OSV 模型 ·· 79
4.3 Split Bregman 算法 ·· 80
    4.3.1 Bregman 迭代算法 ································· 80
    4.3.2 Split Bregman 算法 ································ 82
4.4 基于图像分解的多聚焦图像多成分融合 ··········· 85
    4.4.1 算法原理 ··· 85
    4.4.2 融合规则 ··· 86
4.5 实验结果与分析 ·· 90
    4.5.1 实验参数设置 ······································ 90
    4.5.2 实验结果 ··· 90
    4.5.3 实验结果主观评价 ································ 94
    4.5.4 实验结果客观评价 ································ 95
4.6 本章小结 ··· 96

第5章 基于 NMF 与聚焦区域检测的多聚焦图像融合算法 ······ 98
5.1 引言 ··· 98
5.2 NMF 模型 ·· 100
    5.2.1 NMF 基本原理 ····································· 101
    5.2.2 NMF 图像融合模型 ······························· 102
5.3 聚焦区域检测 ··· 105

5.3.1　聚焦评价函数 …………………………………………… 106
　　5.3.2　基于差异图像特征的聚焦特性评价 ………………… 108
5.4　基于 NMF 与聚焦区域检测的多聚焦图像融合 ………… 111
　　5.4.1　算法原理 …………………………………………… 111
　　5.4.2　融合规则 …………………………………………… 113
5.5　实验结果与分析 ……………………………………………… 115
　　5.5.1　实验参数设置 ………………………………………… 115
　　5.5.2　实验结果 ……………………………………………… 116
　　5.5.3　实验结果主观评价 …………………………………… 120
　　5.5.4　实验结果客观评价 …………………………………… 121
5.6　本书算法分析 ………………………………………………… 122
　　5.6.1　本书算法主观评价 …………………………………… 126
　　5.6.2　本书算法客观评价 …………………………………… 126
5.7　本章小结 ……………………………………………………… 127

第6章　总结与展望 ……………………………………………… 128
6.1　本书工作总结 ………………………………………………… 128
6.2　本书创新之处 ………………………………………………… 129
6.3　研究展望 ……………………………………………………… 131

参考文献 ………………………………………………………………… 133

第1章 绪 论

1.1 研究的背景和意义

随着电子技术、计算机技术和大规模集成电路技术的快速发展,传感器技术不断提高,并被广泛应用于军事和民用领域[1]。多个传感器协同工作大大增加了采集到的信息种类和数量,导致传统的单一传感器信息处理方法难以适用大数据处理[2,3]。多传感器信息融合正是针对单一传感器的信息处理问题发展起来的一种新的信息处理方法。该方法利用系统中多个传感器在空间和时间上的冗余互补进行多方面、多层次、多级别的综合处理,以获取更为丰富、精确和可靠的有效信息[4]。

多传感器图像融合(简称图像融合)是信息融合范畴内以图像信息为研究对象的研究领域,它是传感器、图像处理、信号处理、计算机和人工智能等多学科融合的交叉研究领域[5]。其基本原理是把来自不同类型传感器或来自同一传感器在不同时间或不同方式下所获取的某个场景的多幅图像进行配准,采用某种算法对其进行融合,得到一幅新的关于此场景的更为丰富、精确和可靠的图像,克服了单一传感器图像在分辨率、几何以及光谱等方面的差异性和局限性,能更好地对事件或物理现象进行识别、理解和定位。1979 年,Daily 等首先把雷达图像和 Landsat.MSS 图像的复合图像应用于地质解释,其处理过程可以看作是最简单的图像融合。20 世纪 80 年代初,图像融合技术被应用于遥感多光谱图像的分析与处理;20 世纪 80 年代末,图像融合技术开始被应用于可见光图像、红外图像等一般图像处理。20世纪90年代以后，图像融合技术广泛应用于遥感图像处理、可见光图像处理、红外图像处理以及医学图像处理。但是在应用过程中，由于聚焦范围有限，光学传感器成像系统无法对场景中的所有物体都清晰成像。当物体位于成像系统的焦点上时，它在像平面上的成像是清晰的，而同一场景内，其他位置上的物体在像平面上的成像是模糊的[6,7]。虽然光学镜头成像技术的快速发展提高了成像系统的分辨率，却无法消除聚焦范围局限性对整体成像效果的影响，使得同一场景内的所有物体难以同时在像平面上清晰成像，不利于图像的准确分析和理解[6]。另外，分析相当数量的相似图像既浪费时间又浪费精力[7]，也会造成存储空间上的浪费。如何能够得到一幅同一场景中所有物体都清晰的图像，使其更加全面、真实的反映场景信息对于图像的准确分析和理解具有重要意义。

多聚焦图像融合作为多源图像融合的一个重要分支，是解决成像系统聚焦范围局限性问题的有效方法[8]。该方法主要用于同一光学传感器在相同成像条件下获取的聚焦目标不同的多幅图像的融合处理，对经过配准的关于某场景的不同物体的多幅聚焦图像，采用某种融合算法分别提取这些多聚焦图像的清晰区域，将其合成为一幅该场景中所有物体都清晰的融合图像[9-11]。多聚焦图像融合技术使不同成像距离上的物体能够清晰地呈现在一幅图像中，为特征提取、目标识别与追踪等奠定了良好的基础，从而有效地提高了图像信息的利用率和系统的可靠性，扩展了时空范围，降低了不确定性[10]。在遥感技术[12,13]、医疗成像[14-16]、军事作战以及安全监控等领域有着广泛的应用价值[17-19]。

本书将对多聚焦图像像素级融合的相关技术进行研究，研究得到国家科技支撑计划课题"盛唐文化全息虚拟成像协同实景展示系统集成与应用"（2013BAH49F03）的支持。

1.2　多聚焦图像融合的层次划分

根据多聚焦图像融合处理所处的阶段,可将多聚焦图像融合分为三个层次:像素级图像融合、特征级图像融合和决策级图像融合[20]。

像素级图像融合过程如图 1.1 所示,该层次的图像融合直接在原始图像的灰度数据上采用合适的融合算法进行融合处理,主要目的是图像增强、图像分割和图像分类[21-23]。像素级图像融合是其他层次图像融合的基础,也是目前图像融合领域研究的热点。与其他层次图像融合相比,像素级图像融合可以最大程度的保持源图像的原始信息,获取更加丰富、精确和可靠的图像细节信息,融合的准确性最高。但这些优势都是以时间为代价的,由于对源图像的配准精度要求较高,在融合过程中需要处理大量的图像细节信息,处理时间相对较长,难以实现实时处理。此外,像素级图像融合对硬件设备的要求很高。

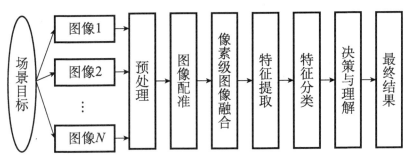

图 1.1　像素级图像融合过程

特征级图像融合过程如图 1.2 所示,该层次的图像融合对源图像进行特征提取,将提取的特征信息(如棱角、纹理、线条和边缘等)转化为特征矢量,对特征矢量进行融合处理,为决策级融合做准备[24-26]。特征级图像融合属于中间层次的图像融合,在融合过程中保留了足够的显著信息,可对图像信息进行大幅度压缩,易于实时处理,可最大限度地提供决策分析所需要的特征信息。但由于融合过程中大幅度的信息压缩，易造成有用信息丢失。特征级图像融合常用方法有主成分分析、神经网络、聚类分析和贝叶斯估计等，主要用于图像分割和目标检测等[17]。

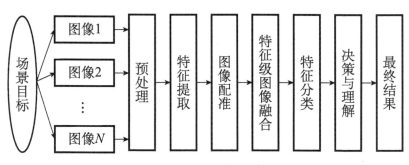

图 1.2　特征级图像融合过程

决策级图像融合过程如图 1.3 所示，该层次的图像融合对多传感器获取的同一场景的不同成像特征进行分类与识别，按照多传感器图像各自的独立决策以及每个决策的可信度进行图像融合处理，其融合结果可直接为决策者提供参考依据[27-29]。决策级融合属于更高层次的图像融合，在融合过程中处理的对象为各种特征信息，具有较强的实时性、分析性和容错性。此外，决策级图像融合可以有效表示环境或目标等不同方面不同类型的信息，灵活性高，通信量小，具有较强的抗干扰能力。但其预处理代价较高，融合过程中原始图像信息损失较大，受限于决策者的需求，影响了推广应用的范围。常用方法有投票方法、统计方法、模糊逻辑方法和 Dempster-Shafer 推理方法等[2]。

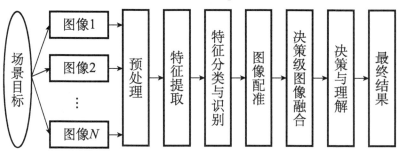

图 1.3　决策级图像融合过程

由于像素级图像融合在融合过程中信息丢失少,能够提供其他融合层次所不能提供的细节信息。其融合结果为图像,可使观察者更快捷、更直观和更全面地认识图像中的场景,有利于对图像的进一步分析、处理和理解[30,31]。像素级图像融合是当前图像融合领域研究最多的课题之一。为方便不同融合方法性能的对比和分析,本书仅对有两幅源图像的多聚焦图像进行仿真实验,实验源图像来自于标准多聚焦图像测试集[32,33]。

1.3 多聚焦图像像素级融合算法

根据多聚焦图像融合的特点以及后续图像处理的不同需求,一种好的融合算法应该遵守以下三个基本准则:

(1) 融合算法应能充分保留源图像中的显著特征信息,如边缘、纹理等信息;

(2) 融合算法应尽可能地减少引入无关信息或不一致信息,以免影响融合图像质量和融合图像的后续处理;

(3) 融合算法对源图像中的配准误差以及噪声应具有较强的鲁棒性。

目前大多数多聚焦图像融合算法都是在以上三个基本准则下设计的。多聚焦图像融合算法的关键是对聚焦区域特性做出准确评判,准确定位并提取出聚焦范围内的区域或像素,这也是多聚焦图像融合技术中至今尚未得到很好解决的问题之一。多年来,国内外学者针对多聚焦图像像素级融合过程中存在的聚焦区域的选择和提取问题,提出了许多性能优异的算法。这些算法主要分为两类[34]:空间域多聚焦图像融合算法和变换域多聚焦图像融合算法。其中,空间域图像融合算法在源图像的像素灰度空间上进行;变换域图像融合算法对源图像进行变换,根据融合规则对变换系数进行处理,将处理后的变换系数进行逆变换得到融合图像。多聚焦图像融合过程如图1.4所示。

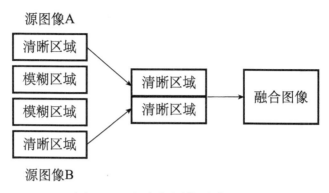

图 1.4　多聚焦图像融合过程

1.3.1　空间域多聚焦图像融合算法

空间域多聚焦图像融合算法是在像素灰度空间上实现的一种融合算法。该方法根据源图像中像素点的灰度值大小，利用不同的聚焦区域特性评价方法将聚焦区域的像素点或区域提取出来，根据融合规则得到融合图像。该算法的优点是方法简单，容易执行，计算复杂度低，融合图像包含源图像的原始信息。缺点是易受到噪声干扰，易产生"块效应"。

空间域多聚焦图像融合算法主要分为两类：基于像素点的融合算法和基于区域的融合算法。

基于像素点的融合算法主要包括加权系数法和邻域窗口法。加权系数法根据像素点灰度值的大小计算像素点的加权系数。Piella G[35]根据单个像素点灰度值的大小来计算加权系数。主成分分析法（Principal Component Analysis，PCA）[36]是加权平均融合方法的一种，它是一种较为常用的方法，该方法将图像按行优先或者列优先组成列向量，并计算协方差，根据协方差矩阵选取特征向量。在源图像相似时，该方法近似于均值融合；在源图像之间具有某些共有特征时，能够得到较好的融合效果；而在源图像之间的特征差异较大时，则容易在融合图像中引入虚假的信息,导致融合结果失真。该方法计算简单,速度快,但由于单个像素点的灰度值无法表示所在图像区域的聚焦特性,导致融合图像出现轮廓模糊、对比度低的问题。邻域窗口法根据像素邻域窗口显著特征水平进行像素的选择。比较具有代表性的邻域窗口大小有 3×3[37],5×5[38] 和 7×7[39]。Li Z H 等[40]于 2003 年提出了基于像素聚焦特性的多聚焦图像融合算法,用单个像素邻域内所有像素的可见度(Visibility,VI)、空间频率(Spatial Frequency,SF)和边缘特征(Edge Feature,EF)组合作为单个像素的聚焦特性,通过比较单个像素的聚焦特性来实现像素的选择。邻域窗口法对单个像素灰度值和其相邻像素间的相关性进行了综合考虑,提高了聚焦区域像素选择的准确性,改善了融合图像质量。但此类方法在计算单个像素聚焦特性时,相当于对每个像素点"重新赋值",导致融合图像相邻像素间一致性差。另外,该方法对噪声敏感,容易从源图像中错误选择像素点[41]。

针对基于像素融合方法存在的问题,学者们提出了基于区域的多聚焦图像融合方法。其基本思想是将源图像在区域划分的基础上,评价各区域聚焦特性,据此将聚焦区域合并得到融合图像[42,43]。基于区域的多聚焦图像融合方法需要考虑区域划分和区域选择两个核心问题,因而又可分为基于区域分割的融合方法和基于分块的融合方法两种。

基于区域分割的图像融合算法利用区域一致性将源图像分割为不同的区域,分别计算各区域的聚焦特性,根据相应的融合规则将聚焦区域进行合并得到融合图像。Li S 等[44]利用 Normal-cut 分割算法对源图像进行区域分割,通过计算各区域空间频率来对聚焦区域进行定位,提高了定位的准确性,改善了融合质量。但该算法比较复杂,运算速度较慢,不利于实时处理。研究者提出的改进方法主要包括基于水平集方法[45]、基于区域分裂合并的方法[46]、基于 K-means[47] 和基于模糊聚类[48]的方法。这些方法虽然能够较准确地提取聚焦区域,提高融合图像质量,但对使用的分割算法性能比较依赖,计算复杂,速度较慢,不利于对多聚焦图像进行实时处理,推广应用较难。此外,分割算法是以场景目标的区域一致性为基础进行分割,当场景目标位于聚焦区域和离焦区域交界处时,被分割出的聚焦区域会包含相邻离焦区域的部分像素,降低了融合图像质量[49]。

基于分块的图像融合算法将源图像划分为若干图像子块,并计算各子块的聚焦特性,根据相应的融合规则将聚焦子块进行合并得到融合图像。基于分块的多聚焦图像融合过程如图1.5所示。

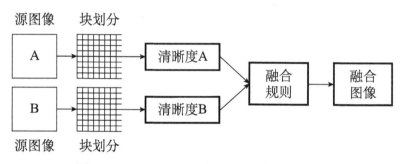

图1.5 基于分块的多聚焦图像融合过程

2001年,Li S 等[50]最早提出了分块融合算法。算法将源图像分割成若干个子块,通过计算对应子块的空间频率(Spatial Frequency, SF)来选择聚焦子块,并将源图像中清晰的子块放到融合图像对应的位置上。基于块划分的图像融合算法计算简单,速度快,能够较为准确地对各图像子块聚焦区域特性进行判定。但基于分块的图像融合算法也存在着不足之处[41]。一是分块尺寸的选择难以统一,分块尺寸过大将导致焦点内外区域位于同一子块,导致融合图像质量下降;分块尺寸过小,子块特征不能充分反映分块特征,容易导致聚焦区域子块的误选,使得相邻子块间一致性差,在交界处出现明显细节差异,产生"块效应"。二是图像子块聚焦特性难以准确描述。如何利用图像子块的局部特征准确描述该子块的聚焦特性,将直接影响着聚焦子块选择的准确性和融合图像的质量。

针对基于分块的融合算法存在的问题，研究者从不同角度进行了改进和完善。

针对图像子块大小难以确定的问题，Fedorov D 等[51]在 2006 年提出了基于局部聚焦估计的融合方法，该方法摆脱了传统分块算法中分割子块的矩形形状限制，根据聚焦点的分布情况非矩形分割源图像，降低了融合图像的块边缘效应，提高了融合图像的视觉效果，但易受到图像间的几何扭曲影响。Kong J 等[52]在 2008 年提出了基于遗传算法（Genetic Algorithm，GA）和 SF 的图像融合算法。该算法通过 GA 对图像子块大小进行编码，用 SF 描述子块聚焦特性，根据融合规则得到不同子块大小下的临时融合图像，通过对比临时融合图像质量确定最优子块大小，该方法提高了融合图像质量，但计算复杂，速度较慢。2010 年，Aslantas V 等[53]提出了差分进化的图像融合方法对图像进行统一分块，利用差分进化算法来确定最优分块大小，该方法增强了图像融合算法的自适应性，提高了融合图像的质量，但运行时间较长。2012 年，Ishita De 等[54]根据图像形态学梯度能量衡量图像子块的聚焦特性，利用四叉树对源图像进行自适应分块，提取图像清晰区域，通过四叉树结构来获取图像的最优子块划分，取得了一定的效果。与传统的分块融合方法相比，这些新方法的融合性能有所提高，但却不能完全消除"块效应"，即使采用性能更好的图像子块聚焦特性评价指标来区分哪些子块来自源图像聚焦区域，"块效应"也很难被完全消除，特别是聚焦子块和离焦子块有重叠区域的时候。

针对图像子块的聚焦特性判定问题，研究者从三个方面入手进行了研究，以提高图像子块聚焦特性判定的准确性。

首先，引入模式识别中分类的思想，把聚焦子块选择作为一个分类问题进行研究。2002 年，Li S 等[55]从分类的角度出发，将源图像进行分块，并用各图像子块的可见度、空间频率和边缘特征这三个特征来描述子块的聚焦特性,通过人工神经网络(Artificial Neural Networks, ANN)对各图像子块对进行训练,将训练好的神经网络对所有子块进行测试输出聚焦子块,最后根据融合规则将聚焦子块合并得到融合图像。该方法可较为准确地选取聚焦子块,提高了融合图像质量。2004年,Li S 等[56]又用支持向量机(Support Vector Machines, SVM)方法来进行聚焦子块的选择,也取得不错的融合效果。但此类方法经验数据获取困难,限制了方法的应用推广。

其次,寻找更具描述能力的图像特征作为图像子块聚焦特性判定的标准,以提高聚焦子块选择的准确性。在基于分块的多聚焦图像融合算法中,子块的特征能否准确反映子块的聚焦特性,直接影响着融合图像的质量。常用的子块特征有方差(Variance)、显著度[58]、边界特征[59]、相位一致性(Phase Coherence, PC)[60,61]、梯度能量(Energy of image gradients, EOG)、二阶梯度能量[62]、拉普拉斯梯度能量(Energy of Laplacian, EOL)、改进拉普拉斯能量(Modified Laplacian, ML)、拉普拉斯分量绝对和(Sum of Modified Laplacian, SML)[63],其中方差、空间频率、梯度能量、拉普拉斯能量、改进拉普拉斯能量、拉普拉斯绝对和以及二阶梯度能量反映的是图像的对比度特征。2008年,Huang W 等[64]对图像聚焦特性评判标准进行了性能对比,实验表明 SML 和 EOL 对于图像的清晰度表征能力要优于其他特征,但同等条件下,SML 花费的时间要长一些。2007年,Hariharan H 等[65]提出了聚焦连通性的概念,根据聚焦连通性对源图像进行分割,改善了融合图像的视觉效果,提高了融合图像质量,该方法对于场景目标分散的多聚焦图像融合非常有效,且对噪声具有鲁棒性,但对于场景目标有遮挡的多聚焦图像融合效果并不理想。2009年,Zhang Y 等[66]提出了基于模糊测度的图像融合方法,该方法将源图像分块,利用子块区域的模糊测度来对源图像中聚焦区域进行定位,可以有效抑制细节信息的扭曲和丢失,改善了融合图像视觉效果,提高了融合图像质量。然而，该方法需要根据实验结果来设定块大小，缺乏自适应性，且对于聚焦区域的定位并不准确。2011年，Tian J 等[67]采用梯度强度和相位一致性来进行图像子块聚焦特性判定，提高了聚焦区域判定的准确性。但这个方法只对正方形图像子块聚焦特性判定比较有效，无法自适应调整区域窗口大小。2013年，Zhao H 等[68]将一幅灰度图像作为二维平面，利用微分几何来对方向距离进行推导，得到近邻距离，并以此作为评价子块聚焦特性的一个评判标准，根据融合规则进行图像融合，改善了融合效果。图像的清晰度主要是由物体的边缘细节信息来表现的，与像素的灰度值之间没有直接对应关系。受图像内容的复杂性、图像块的大小以及外部噪声的影响，清晰度指标难免出现聚焦子块的错误判别。

再次，从各图像子块间的相关性角度进行研究，以提高聚焦子块判定的准确性。Goshtasby A 等[69]在2006年提出了基于融合图像信息最大化的图像融合方法。通过计算子块的加权和求取融合图像对应子块，并引入权重因子分配给源图像中的各对应子块，提高了融合图像质量，但仅对近景的多聚焦图像比较有效，对于远景的多聚焦图像融合效果并不理想，而且加权求和时的迭代过程比较耗费时间。2013年，Wu W 等[70]根据各子块的保真度、聚焦特性以及相邻子块之间的关系，利用隐马尔可夫模型（Hidden Markov Model，HMM）实现了多焦图像融合，改善了融合图像质量，但 HMM 训练时间比较长，需要数据比较多，比较复杂。

综合以上分析，针对空间域多聚焦图像融合算法中的"块效应"问题和聚焦区域的聚焦特性判定问题，研究者提出了大量算法，提高了融合图像质量，改善了融合效果。但由于空间域方法自身的限制，基于空间域的多聚焦图像融合算法的两个核心问题并没有得到很好地的解决，"块效应"问题和聚焦区域的聚焦特性判定问题仍是多聚焦图像融合算法中的研究热点。

1.3.2 变换域多聚焦图像融合算法

由于空间域多聚焦图像融合方法对图像细节表现的局限性，研究者提出了基于变换域的多聚焦图像融合方法，尝试用多尺度变换的方法实现图像融合。由于多尺度变换方法更符合人类的视觉认知特点，能够提供人类视觉敏感的对比度强的相关信息，利用这些信息可生成高质量的融合图像。

基于变换域的图像融合方法对源图像进行多尺度变换，将源图像分解为高频子带系数和低频子带系数，根据不同的融合规则，对各子带变换系数进行融合，将融合后的各子带系数进行逆变换，得到融合图像。基于变换域的多聚焦图像融合过程如图1.6所示。

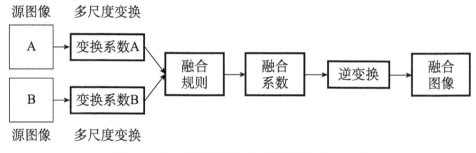

图1.6 基于变换域的多聚焦图像融合过程

根据多尺度变换方法的不同，变换域多聚焦图像融合算法可分为基于金字塔变换的融合方法、基于小波变换（Discrete Wavelet Transform，DWT）的融合方法和基于多尺度几何分析的融合方法。

金字塔变换是最早出现的多尺度变换方法。1985年，Burt P等[71]首次将拉普拉斯金字塔（Laplacian Pyramid，LAP）变换引入到图像融合中，通过绝对值最大原则对分解系数进行融合，获得了较好的融合结果。之后，Toet A等提出的低通比率金字塔变换[72]、对比度金字塔变换[73,74]和形态学金字塔变换[75]等图像融合算法，Burt P等提出的基于梯度金字塔的图像融合算法[76]，Liu Z等提出的可控金字塔变换图像融合算法[77]，Barron D R 等提出了基于纹理单元的金字塔变换图像融合算法[78]等。这些算法可提取不同分解尺度上的图像细节信息，取得了不错的融合效果。但金字塔变换存在不足之处，主要表现在多聚焦图像经过金字塔分解后，各分解层间数据有冗余，无法确定各分解层上的数据相关性，提取细节信息能力差，分解过程中高频信息丢失严重。

针对金字塔变换的不足，研究者们提出了基于 DWT 的图像融合方法。DWT 也是一种多尺度变换方法，由于其良好的时域和频域特性，在图像融合领域得到了广泛应用。1995 年，Li H 等[79]和 Chipman L J 等[80]同时将 DWT 用于图像融合，DWT 方法开始被广泛应用于图像融合领域。

随着对小波分析和多尺度变换理论研究的深入，研究者们将一些高性能多尺度变换方法用于图像融合。2007 年，Yang B 等[81]提出一种基于低冗余的近似平移不变小波变换图像融合算法，采用可变的采样策略来扩展离散小波框架，得到了高质量的融合图像。2009 年，Wan T 等[82]利用双树复数小波变换（Dual Tree Complex Wavelet Transform，DTCWT）进行图像融合，较好地解决了 DWT 缺乏平移不变性的问题。同一年，Bhatnagar G 等[83]利用小波包变换进行图像融合，高频系数采用绝对值最大融合规则，低频系数采用中值融合规则，取得了不错的融合效果。2011 年，Yang Y 等[84]提出一种小波变换高低频系数采用不同融合策略的融合算法，取得了不错的融合效果。2012 年，Li H 等[85]采用基于稳定小波变换（Stationary Wavelet Transform，SWT）对图像进行分解，对低频系数采用平均操作，对高频系数采用绝对值最大的融合规则，该方法的融合效果优于 DWT 方法。

虽然基于小波变换的图像融合方法得到了广泛应用，取得了不错的融合效果，但由于二维小波基是由一维小波基通过张量积的方式构成，虽然对于图像中的奇异点的表示是最优的，但对于图像中奇异的线和面却无法进行稀疏表示。另外，小波变换属于下采样变换，缺乏平移不变性，在融合过程中易造成信息的丢失，导致融合图像失真。针对此问题，研究者们又提出了基于多尺度几何分析（Multiscale Geometric Analysis，MGA）的图像融合方法。2005 年，Chent T 等[86]提出了基于 Ridgelet 的图像融合算法，改善了融合效果，但 Ridgelet 对含有曲线奇异性的目标函数逼近能力较弱，不能对源图像边缘和纹理进行最稀疏的表示，融合效果提高不明显。2007 年，Qu X 等[87]提出了基于 Bandelet 的图像融合算法，该算法采用最大原则选择变换系数，得到了较好的融合图像质量，融合效果优于 DWT 和拉普拉斯变换的融合方法，但该方法运行时间较长。同年，Nencini F 等[88]和 Tessens L 等[89]将 Curvelet 用于图像融合，利用 Curvelet 对图像边缘方向的敏感性来提取源图像细节信息，增强了融合图像的视觉效果，但该方法性能不稳定，易受图像内容的影响。2006 年，Miao Q 等[90]提出了基于轮廓波变换 Contourlet 的图像融合方法，通过比较最大区域能量来选择高频子带系数，增强了从源图像转移细节信息的能力，提高了融合图像质量。

随着多尺度几何分析理论的发展，不断有新的多尺度几何分析方法应用到图像融合领域来提高融合图像质量。例如，2009 年，Redondo R 等[91]提出的基于 Log-Gabor 变换（Log-Gabor Transform，LGT）的图像融合方法；2010 年，Yang S 等[92]提出了基于轮廓波包变换的图像融合方法；2011 年，Ma Y 等[93]提出的基于 Shearlet 的图像融合方法；2012 年，Bhatnagar G 等[94]提出的框架波图像融合方法和 Yang S 等[95]提出的基于支持度变换（Support Value Transform，SVT）的图像融合方法。这些方法都取得了不错的融合效果，提高了融合图像质量。但是从 Ridgelet 到 Contourlet，这些多尺度几何分析方法都缺乏平移不变性，在图像融合过程中容易引起信息频率的混叠效应，造成信息的丢失，从而影响融合图像质量。针对以上问题，研究者们提出了非下采样轮廓波变换（Nonsubsampled Contourlet Transform，NSCT），NSCT 的长方形支撑区间可以随着分解尺度的变换而变换，具有更强的图像轮廓和几何结构特征的表示能力。2009 年，Zhang Q 等[96]提出了基于 NSCT 的图像融合方法，该方法对高频子带和低频子带采用不同的融合规则，取得了非常好的融合效果。之后，基于 NSCT 的融合方法被广泛应用于生物图像[97]和医疗图像[98]的融合等领域。2011年，Li S 等[99]对比了不同的基于多尺度几何分析的图像融合方法，对于大多数基于多尺度几何分析的图像融合方法，出于捕捉图像细节能力和对噪声、转换失真敏感度的考虑，转换取得最好融合效果的分解尺度为 4，从融合图像的质量来看，由于具有平移不变性，SWT，DTCWT 和 NSCT 的融合图像质量优于 DWT，Curvelet 和 Contourlet。具有平移不变性的多尺度变换需要在多个方向上进行分解且分解过程中产生大量的高频系数，在时间和存储空间的需求上比缺乏平移不变性的多尺度变换要大。另外，融合图像的质量还受到图像类型的影响。在融合过程中，短滤波器比长滤波器更容易捕捉图像的细节变化，因为长滤波器可能会平滑掉一些细节，产生等扩散效应。效果最佳的变换域方法是 NSCT 变换。

为了进一步提高基于多尺度变换的图像融合方法性能，研究者们尝试将不同的多尺度变换方法结合或者将多尺度变换方法同其他方法结合来实现图像融合，取得了不错的融合效果。例如，Li S 等[100]将 DWT 和 Curvelet 相结合用于图像融合；Shah P 等[101]将 Curvelet，DWT 和小波包相结合用于图像融合，取得良好的融合效果；Liu F 等[102]将 Wedgelet 和 DWT 结合起来用于图像融合；陈木生[103]将 Contourlet 结合模糊理论用于图像融合；Wang Z 等[104]将 Shearlet 结合耦合神经网络（Pulse Coupled Neural Network，PCNN）模型用于图像融合；Mahyari A 等[105]将 Curvelet 和线性独立测试结合起来进行图像融合；Liu Y 等[106]将四元数小波和统一割算法相结合用于多聚焦图像融合。这些方法都取得了较好的融合效果，但多尺度变换方法的复杂耗时问题并未得到很好解决。

综合以上变换域多聚焦图像融合算法，其不足之处主要表现在分解过程复杂、耗时，高频系数空间占用大，融合过程中易造成信息丢失。如果改变融合图像的一个变换系数，则整个图像的空域灰度值都将会发生变化，结果在增强一些图像区域属性的过程中，引入了不必要的人为痕迹。由图 1.6 可以看出，基于变换域的图像融合算法关键在于设计不同尺度上各子带变换系数的融合规则。

近年来，多聚焦图像融合领域又出现一些新的融合方法。2010年，Daneshvar S 等[107]将视网膜启发模型用于图像融合，提高了融合图像质量。2010 年，Yang B 等[108]将稀疏表示方法用于图像融合，改善了融合效果，但训练字典过程比较耗时。2013 年，Chen L 等[109]和 Yin H 等[110]将稀疏表示同其他融合算法结合用于图像融合，提高了融合图像质量。但是稀疏表示中的正交匹配算法计算量很大，两幅 256×256 的图像融合，耗时达 2 分钟。Bai X 等[111]将形态学方法同多尺度几何分析方法结合，也取得了不错的融合效果。2014 年，Jiang Y 等[112]提出了基于形态学成分分析方法的图像融合方法，通过多成分图像融合来实现源图像的融合，进一步提高了融合图像质量。同年，Yin M 等[113]提出了基于非下采样剪切波变换（Non Subsampled Shearlet Transform，NSST）的多焦图像融合算法，用奇异值分解来提取各子带局部特征，增强了融合算法提取源图像细节信息的能力，改善了融合图像质量。

1.4 多聚焦图像融合质量评价

近些年，图像融合在各个领域的应用快速发展，对于相同的源图像，不同的融合方法可得到不同的融合图像。如何对这些融合图像的质量进行客观地、系统地和量化地评价,对于融合算法的选择、改进以及新融合算法的设计都至关重要。由于受到图像类型、观察者的兴趣以及任务要求的影响,当前融合图像质量评价问题并没有得到很好的解决。研究者已在融合图像质量评价方面提出了不少算法,主要用于图像采集过程中的质量控制、图像处理系统的设计以及图像处理系统和图像处理算法的基准测试等。但目前为止,还没有一个通用的、主观与客观因素相结合的图像质量评价体系。常用的融合图像质量评价可分为主观评价和客观评价两类。

1.4.1 融合图像质量主观评价

融合图像主观评价是一种主观性较强的目测方法,它以人为评价主体,以融合图像为评价对象,根据融合图像的逼真度和可理解度对融合图像质量进行评估。由于人眼视觉对图像边缘和色彩的差异和变化比较敏感,主观评价方法可以较为直观、快捷和方便地对一些差异明显的图像信息进行评价,如配准误差产生的重影、色彩的畸变和边缘的中断等。但是,由于受图像类型、观察者的兴趣、任务需求以及外界环境的影响,主观评价表现出较强的主观性和片面性。虽然通过大量的统计可获得较为准确的质量评价,但该过程需要耗费大量的时间、人力和物力,非常复杂。表 1.1 为国际上通用的主观视觉评价标准 5 分制评价标准,其他诸如 9 分制和 11 分制可以看作是 5 分制的扩展,但它们的评分精度比 5 分制高[114]。

表 1.1 DSIS 五分制评价标准[4]

分数	质量尺度	妨碍尺度
5	最好的	丝毫看不出图像质量变化
4	好的	能看出图像质量变化,但并不妨碍观看
3	正常的	清楚地看出图像质量变化,对观看稍有妨碍
2	差的	对观看有妨碍
1	最差的	非常严重地妨碍观看

1.4.2 融合图像质量客观评价

在大多数条件下,对于融合图像的微小差异,主观上很难进行正确评价,为了获取更为准确的融合图像质量评价,研究者们提出了一些客观评价指标,并将客观评价同主观评价相结合,对融合图像质量进行综合评价。客观评价是一种基于统计策略的融合图像定量分析方法,一定程度上消除了主观因素的干扰,保证了融合图像质量评价的有效性、准确性和稳定性。常用的融合图像质量客观评价指标有以下几种。

1. 信息熵（Entropy）

图像的信息主要用来衡量融合图像的信息丰富程度。其值越大,表明融合图像所包含的信息量越丰富,融合图像质量越高。图像信息熵的定义如下：

$$H = -\sum_{i=0}^{N-1} P_i \log_2(P_i) \qquad (1.1)$$

其中,N 为图像总的灰度级数,P_i 为图像中像素灰度值 i 在图像中出现的概率（通常取灰度值 i 的像素个数与图像总像素数的比值）。

2. 峰值信噪比（Peak-to-Peak Signal-to-Noise Ratio,PSNR）

峰值信噪比主要反映图像的信噪比变化情况,用来评价图像融合后信息量是否提高,噪声是否得到抑制。图像峰值信噪比（PSNR）定义如下：

$$\mathrm{PSNR} = 10 \times \log\left(\frac{M \times N \times G_{\max}^2}{\sum_{i=1}^{M}\sum_{j=1}^{N}(x_{i,j} - y_{i,j})^2}\right) \qquad (1.2)$$

其中,图像大小为 $M \times N$,$G_{\max}$ 图像中的最大灰度,$x_{i,j}$ 为融合图像中的像素,$y_{i,j}$ 为标准参考图像中的像素。

3. 互信息（Mutual Information,MI）[115]

互信息可用来衡量融合图像从源图像中继承信息的多少,其值越大说明融合图像从源图像获取的信息越多,融合图像质量越好。图像 A,B 和融合图像 F 间的互信息量 MI 定义如下:

$$\mathrm{MI} = I_{AF} + I_{BF} \tag{1.3}$$

$$I_{AF} = \sum_{a,f} p_{AF}(a,f) \log(p_{AF}(a,f)/(p_A(a)p_F(f))) \tag{1.4}$$

$$I_{BF} = \sum_{b,f} p_{BF}(b,f) \log(p_{BF}(b,f)/(p_B(b)p_F(f))) \tag{1.5}$$

其中,a,b 和 f 分别代表源图像 A,B 和融合图像 F 中的像素灰度值;$p_A(a)$,$p_B(b)$ 和 $p_F(f)$ 表示 A,B 和融合图像 F 中的概率密度函数,可由图像的灰度直方图估计得到;$p_{AF}(a,f)$,$p_{BF}(b,f)$ 表示源图像 A,B 和融合图像 F 的联合概率密度函数,可由归一化联合灰度直方图估计得到。

4. 结构相似度(Structural Similarity,SSIM)[116]

结构相似度主要从人眼视觉特性的角度出发,评价两幅图像在亮度、对比度和结构三方面的相似程度,其值越大表示两幅图像相似程度越高。结构相似度(SSIM)定义如下:

$$\mathrm{SSIM}(A,F) = \left(\frac{2\mu_a\mu_f + c_1}{\mu_a^2 + \mu_f^2 + c_1}\right)^\alpha \cdot \left(\frac{2\sigma_a\sigma_f + c_2}{\sigma_a^2 + \sigma_f^2 + c_2}\right)^\beta \cdot \left(\frac{\mathrm{cov}_{af} + c_3}{\sigma_a\sigma_f + c_3}\right)^\gamma \tag{1.6}$$

其中,A 表示标准参考图像,F 表示融合图像。在式(1.6)中,SSIM 由三部分构成,从左到右分别表示亮度相似度、对比度相似度和结构相似度,μ_a 和 μ_f 分别表示 A 和 F 的均值;σ_a 和 σ_f 分别表示 A 和 F 的标准差;cov_{af} 表示 A 和 F 间的协方差;α,β 和 γ 分别表示亮度、对比度和结构三部分的比例参数;c_1,c_2 和 c_3 为三个常数。因此,源图像 A,B 和融合图像 F 间的相似度 $\mathrm{SSIM}(A,B,F)$ 可表示如下:

$$\mathrm{SSIM}(A,B,F) = (\mathrm{SSIM}(A,F) + \mathrm{SSIM}(B,F))/2 \tag{1.7}$$

5. 通用图像质量评价指标(Universal Image Quality Index,UIQI)[117,118]

通用图像质量评价主要从人眼视觉特性出发,评价两幅图像在相关性、亮度和对比度三方面的差异，能够较好反映图像间的相似程度，且具有通用性。其值越大表示两幅图像相似程度越高。通用图像质量评价（UIQI）定义如下：

$$Q_0(A,F) = (2\bar{a}\bar{f}/(\bar{a}^2+\bar{f}^2)) \cdot (2\delta_{af}/(\delta_a^2+\delta_f^2)) \quad (1.8)$$

其中，A 表示源图像，F 表示融合图像，δ_{af} 表示 A 和 F 间的协方差，δ_a 和 δ_f 分别表示 A 和 F 间的标准差。因此，源图像 A，B 和融合图像 F 的相似程度 $Q_0(A,B,F)$ 可表示如下[119]：

$$Q_0(A,B,F) = (Q_0(A,F)+Q_0(B,F))/2 \quad (1.9)$$

6. 加权融合质量指标（Weighted Fusion Quality Index，WFQI）[119]

加权融合质量指标主要用来测量从每一幅原始图像转移到融合图像中的显著信息的多少。其值越大表示从源图像转移到融合图像中的显著信息越多。加权融合质量指标（WFQI）定义如下：

$$\begin{aligned}Q_W(A,B,F) \\ = \sum_{w \in W} c(w)(\lambda(w))Q_0(A,F\mid w) \\ +(1-\lambda(w))Q_0(B,F\mid w)\end{aligned} \quad (1.10)$$

其中，A 和 B 表示源图像，F 表示融合图像，$c(w)$ 表示源图像在窗口 w 内的某种显著特征，$\lambda(w)$ 表示源图像 A 相对于 B 在窗口 w 内的某种显著特征。

7. 边缘融合质量指标（Edge-dependent Fusion Quality Index，EFQI）[118]

边缘融合质量指标主要从人类视觉对边缘信息的敏感性角度来评价融合图像质量。边缘融合质量指标（EFQI）定义如下：

$$Q_E(A,B,F) = Q_W(A,B,F) \cdot Q_W(A',B',F')^\alpha \quad (1.11)$$

其中，A，B 表示源图像，F 表示融合图像，A'，B' 和 F' 分别表示 A、B 和 F 所对应的边缘图像，$\alpha \in [0,1]$ 表示边缘图像对原始图像的贡献，其值越大，表明边缘图像的贡献越大。

8. 边缘保持度融合质量指标 $Q^{AB/F}$[118]

边缘保持度融合质量指标主要通过测量被转移到融合图像中的源图像边缘信息的多少来评价融合图像质量。边缘保持度融合质量指标 $Q^{AB/F}$ 定义如下：

$$Q^{AB/F} = \frac{\sum_{n=1}^{N}\sum_{m=1}^{M}(Q^{AF}(n,m)w^{A}(n,m) + Q^{BF}(n,m)w^{B}(n,m))}{\sum_{i=1}^{N}\sum_{j=1}^{M}(w^{A}(i,j) + w^{B}(i,j))}$$

(1.12)

其中，M 和 N 为图像大小，$Q^{AF}(n,m)$ 和 $Q^{BF}(n,m)$ 分别为融合图像相对于源图像 A 和 B 的边缘保留值，$w^{A}(n,m)$ 和 $w^{B}(n,m)$ 为边缘强度函数。$Q^{AB/F} \in [0,1]$ 表示融合图像相对于源图像 A 和 B 的整体信息保留量，其值越大，表明融合图像保留的源图像边缘信息量越多，融合图像的质量越高，融合算法的性能越好。

根据研究者长期的实验和经验发现[44,63,85]，图像的互信息量 MI 和边缘保持度 $Q^{AB/F}$ 结合使用可较为客观准确地评价融合图像质量，它们在融合图像质量评价时被广泛应用。因此，本章采用互信息量 MI 和边缘保持度 $Q^{AB/F}$ 对融合图像质量进行客观评价。

另外，在大多数情况下，这些常用的指标都能准确评价融合图像质量，为了更加准确地评价融合图像质量，在实际应用中研究者仍采用以主观评价为主，以客观评价为辅的策略。

1.5 本书主要研究内容

本书以多聚焦图像像素级融合算法为研究对象，对国内外多聚焦图像融合算法进行了分析和研究，针对现有融合算法存在的不足，在空间域内研究并提出了具有不同特性的多聚焦图像融合算法。主要包括以下几个方面。

（1）针对传统融合算法融合过程中易受噪声影响的问题，提出基于 RPCA 和 PCNN 的多聚焦图像融合算法。该算法利用 RPCA 对噪声具有鲁棒性的特点，结合 PCNN 的全局耦合和同步脉冲的特性，增强了融合算法对噪声的鲁棒性，改善了融合图像视觉效果。

（2）针对传统空间域融合方法融合图像存在"块效应"的问题，提出基于 RPCA 和四叉树分解的多聚焦图像融合算法。该算法根据稀疏矩阵的区域一致性自适应选择聚焦子块，有效抑制了"块效应"，提高了融合图像质量。

（3）针对传统多聚焦图像融合算法对源图像细节信息描述不完整的问题，提出基于图像分解的多聚焦图像多成分融合算法。该算法结合基于全变差（Total Variation，TV）极小化能量泛函恢复模型的 Split Bregman 算法，将源图像的卡通和纹理成分分别进行融合，有效提高了融合算法对源图像细节信息描述的完整性。

（4）针对非负矩阵分解（Non-Negative Matrix Factorization，NMF）图像融合算法所得融合图像对比度差的问题，提出基于 NMF 和聚焦区域检测的多聚焦图像融合算法。该算法利用 NMF 将源图像融合作为初始融合图像，根据源图像和初始融合图像间的差异图像的局部特征检测源图像中的聚焦区域，有效增强了融合图像对比度，改善了融合图像质量。

1.6 本书的结构安排

本书对多聚焦图像像素级融合算法进行了研究，全书共分为 6 章，各章节内容安排如下。

第 1 章，介绍了多聚焦图像融合的研究背景和研究意义，分析了空间域多聚焦图像融合算法和变换域图像融合算法研究现状，并对多聚焦图像融合质量评价体系进行了介绍，最后阐述了本文的主要研究内容。

1.6 本书的结构安排

第 2 章，概述了 RPCA 图像分解的基本原理以及相对于传统 PCA 所具有的优势，并介绍了 PCNN 的基本原理和特点。针对传统多聚焦图像融合算法受噪声影响的问题，提出了一种基于 RPCA 和 PCNN 的多聚焦图像融合算法。该算法增强了融合算法对噪声的鲁棒性，改善了融合图像的视觉效果，提高了融合图像质量。实验结果验证了该方法的有效性和可靠性。

第 3 章，介绍了四叉树图像分解的基本原理以及相对于传统区域划分方法所具有的优势。在图像的 RPCA 分解域内，针对传统空间域多聚焦图像融合算法的"块效应"问题，结合源图像与其稀疏矩阵的对应关系，提出了基于 RPCA 和四叉树分解的多聚焦图像融合算法。该算法有效抑制了融合图像中的"块效应"，提高了融合图像质量。仿真实验验证了算法的可行性和有效性。

第 4 章，介绍了图像卡通纹理分解模型以及 Split Bregman 算法的基本原理和特点。针对传统融合算法无法有效完整的提取多聚焦源图像场景细节信息的问题，结合图像分解中的 Split Bregman 算法，提出了一种基于图像分解的多聚焦图像多成分融合算法。该算法提高了对多聚焦源图像场景细节信息提取的有效性和完整性，改善了融合效果。实验结果表明了算法是可行性和有效性。

第 5 章，概述了 NMF 的基本原理和特点，分析了基于 NMF 的图像融合模型的优势和不足。针对基于 NMF 的融合算法所得融合图像对比度差的问题，利用 NMF 在图像潜在结构信息提取方面的优势，提出了基于 NMF 和聚焦区域检测的多聚焦图像融合算法。该算法提高了聚焦区域检测的准确性，改善了融合图像视觉效果，提高了融合图像质量。实验结果验证了算法在聚焦区域检测方面的有效性。最后，对本书各章提出的算法性能进行了对比分析。

第 6 章，对本书所做的工作进行了全面总结，并对本书的创新点和不足之处作出说明，最后，对下一步的研究工作进行了展望。

第 2 章 基于 RPCA 与 PCNN 的多聚焦图像融合算法

2.1 引　言

由于聚焦范围有限，光学成像系统不能对聚焦范围内的所有物体同时清晰成像，导致所成图像中出现部分模糊，不利于下一步的图像分析和处理。分析同一个场景，需要处理大量相似图像，易造成存储空间、时间和精力浪费。多聚焦图像融合利用源图像间的相关性和冗余性，将同一场景的多幅图像合并成一幅所有场景目标都清晰的图像。但在实际应用中，由于传感器多，有用信号少，获取的图像像素间也具有相关性和冗余性，一定程度上增加了图像融合处理的成本和难度。如何利用图像数据间的相关性和冗余性，对于多聚焦图像的采集、表示和重构都十分重要[120]。

在图像处理、计算机视觉和模式识别等领域，研究者通常用低维线性子空间来描述图像数据间的相关性和冗余性，利用这种低维性质对图像数据进行维数约简、特征提取以及噪声去除[121]。图像在采集和传输过程中，受环境和传感器因素影响，往往含有野点（显然严重偏离了样本集合的其他观测值的数据点）或大的稀疏噪声。基于稀疏表示的压缩感知（Compressed Sensing，CS）[122,123]理论用稀疏表示来处理图像间的相关性和冗余性，对野点大的稀疏噪声具有较强的鲁棒性[124,125]。近几年来，低秩矩阵恢复（Low Rank Matrix Recovery，LRMR）理论将向量的稀疏表示扩展到矩阵低秩情形，已成为继 CS 之后的一种新的数据获取和表示方式。LRMR 将数据矩阵表示为低秩矩阵和稀疏矩阵之和，通过核范数优化问题求解来恢复低秩矩阵。LRMR 主要包括三类模型，分别是 RPCA[126-128]，矩阵补全（Matrix Completion，MC）[129,130]和低秩表示（Low Rank Representation，LRR）[131-133]。其中，RPCA 在视频监控[127]、人脸重建[134]、生物信息学[135]以及网页搜索[123]等领域都有许多重要的应用，已被证明是一种用低维线性子空间表示图像数据的有效方法[136]，对噪声具有较强鲁棒性，非常有利于源图像中的聚焦区域特性的判定。因而，本书选择在源图像的 RPCA 分解域内实现多聚焦图像融合。

传统的多聚焦图像融合算法大多是在无噪假设条件下设计的，很难对含有噪声的聚焦区域特性做出准确判断[137]，在融合过程中，将噪声作为源图像的细节信息提取并转移到最后的融合图像中，导致融合图像质量下降。为进一步改善融合图像质量，设计出对噪声具有鲁棒性的多聚焦图像融合算法是非常必要的，具有重要的现实意义。

由于 PCNN 所具有的全局耦合和同步脉冲生物特性[138]，Broussard R P 等[139]在 1999 年首先将其用于图像融合以提高目标检测的效果，同年 Johnson J L 等[140]指出 PCNN 在数据信息融合方面拥有巨大潜力。研究发现，基于 PCNN 的图像融合方法优于传统的图像融合方法。目前，研究者们已经提出了许多基于 PCNN 的图像融合方法，但这些方法都存在不同的缺点和局限性。Miao Q 等[141]将图像像素灰度值作为 PCNN 神经元的外部输入，并将该像素邻域的聚焦特性作为其链接强度，可较好地保存源图像中的边缘和纹理信息，却降低了融合图像的对比度。Huang W 等[142]将空域图像块的 EOL 作为 PCNN 神经元的外部输入，在提高图像融合速度的同时，却引入了"块效应"问题。Qu X 等[143]在 NSCT 域，将 NSCT 各子带分解系数的 SF 作为 PCNN 的外部输入，取得了良好的融合效果，但由于空间频率缺少方向信息，而且 NSCT 各子带系数都采用统一的融合规则，易导致融合图像对比度下降和图像细节丢失。Wang Z 等[144]提出了双通道 PCNN 融合算法，将单个像素邻域的 EOL 作为 PCNN 的外部输入，提高了融合图像质量，但时间复杂度较高。最近，Geng P 等[145]和 Miao Q 等[146]又提出了 Shearlet 和 PCNN 相结合的多聚焦图像融合方法，改善了融合图像质量，但由于 Shearlet 缺乏平移不变性，导致图像退化。现有的 PCNN 方法主要是基于单像素的或是与多尺度变换相结合的方法，基于单像素的方法与人眼的视觉特性并不一致，人眼视觉对边缘细节的变化比较敏感，而不是单个像素的亮度。基于多尺度变换的 PCNN 方法由于大量的系数需要进行融合处理，算法的时间和空间消耗比较大。因此，基于 PCNN 的生物特性，设计出性能良好的融合方法对进一步提高融合图像质量具有重要意义。

本书将 RPCA 引入多聚焦图像融合，根据 RPCA 具有强化前景目标特征、弱化噪声和可利用低维线性子空间表示高维数据的优点，结合 PCNN 所具有的全局耦合同步脉冲的特性，提出了基于 RPCA 与 PCNN 的多聚焦图像融合算法。该算法将源图像在 RPCA 分解域内的稀疏特征作为 PCNN 神经元的外部输入，根据 PCNN 各神经元的点火频率来判断聚焦区域特性，指导图像的融合处理。实验结果表明，该方法能够准确定位源图像中的聚焦区域，提取并转移聚焦区域的细节信息到融合图像中，改善了融合图像视觉效果，提高了融合图像质量。

2.2 RPCA 分解模型

目前，在图像处理和计算机视觉领域，PCA 被广泛用于高维数据处理，如数据分析和维数约简等。用 PCA 处理高维数据的主要目的是准确而有效地估计高维数据的低维线性子空间。但当高维数据含有大量稀疏噪声时，传统的 PCA 方法不再适用，研究者引入了 RPCA 方法来解决此问题。

2.2.1 RPCA 基本原理

在实际应用中，由于传感器众多，而有用信号相对较少，传感器终端采集到的数据矩阵 $D \in R^{m \times n}$ 往往是低秩的或近似低秩的。为了恢复数据矩阵 D 的低秩结构，D 被分解为两部分之和：

$$D = A + E \tag{2.1}$$

其中，矩阵 A 为低秩矩阵，又称主成分矩阵；E 为稀疏噪声矩阵，又称稀疏矩阵。当 E 服从高斯同分布时，利用传统 PCA 方法，通过最小化 A 与 D 之间的差异，得到低秩矩阵 A 的最优估计。该过程可转化为求解最优化问题如下所示：

$$\min_{A,E} \|E\|_F$$
$$\text{s. t. rank}(A) \leq r, \quad D = A + E \tag{2.2}$$

其中，$r \ll \min(m,n)$ 为低维线性子空间的目标维数，$\|\cdot\|_F$ 为 Frobenius 范数。可通过对矩阵 D 奇异值分解（Singular Value Decomposition, SVD），将矩阵 D 的列向量投影到 D 的 r 个主成分的估计向量子空间上。然而，当 E 为大的稀疏噪声时，低秩矩阵 A 的估计值与其真实值相差较大。此时，PCA 不再适用。则低秩矩阵 A 的恢复可转化为一个双目标优化问题：

$$\min_{A,E}(\text{rank}(A), \|E\|_0)$$
$$\text{s. t. } D = A + E \tag{2.3}$$

通过引入缩放因子 $\lambda > 0$，将上述双目标优化问题转化为一个单目标优化问题：

$$\min_{A,E} \text{rank}(A) + \lambda \|E\|_0$$

$$\text{s.t.} \ A + E = D \tag{2.4}$$

其中，$\|\cdot\|_0$ 为稀疏矩阵 E 的 l_0 范数，用来加强稀疏矩阵 E 在最优化问题求解中的作用。需要指出，式（2.4）实际为一个 NP 难问题，需要对其进行松弛处理。近年来，高维信号处理以及凸优化方面的研究表明，最坏情况下，最小化矩阵秩或稀疏性的目标函数虽然是 NP 难的[147,148]，但在某些合理假设下，优化目标函数的凸松弛替代函数，采用凸优化方法，可以精确地得到原问题的最优解，精确度随着维度的增加而提高[149]。由于矩阵的核范数为矩阵秩的包络，因此，在广义条件下，稀疏矩阵 E 的 l_0 范数与其 l_1 范数相等。最近，Wright J 等[126]证明了当稀疏矩阵 E 相对于低秩矩阵 A 足够稀疏时，通过求解如下凸最优化问题，可以从源数据矩阵 D 精确恢复低秩矩阵 A：

$$\min_{A,E} \|A\|_* + \lambda \|E\|_1$$

$$\text{s.t.} \ A + E = D \tag{2.5}$$

其中，$\|\cdot\|_*$ 代表低秩矩阵 A 的核范数，$\lambda > 0$，$\|\cdot\|_1$ 代表稀疏矩阵 E 的 l_1 范数。Candes E J 等[127]证明：当 $\lambda = 1/\sqrt{\max(m, n)}$ 时，低秩矩阵恢复效果最好。上述最优化问题的求解过程称为 RPCA。

RPCA 的求解方法主要有四种，分别是迭代阈值算法（Iterative Thresholding，IT）[150,151]、加速近端梯度算法（Accelerated Proximal Gradient，APG）[152]、对偶方法（DUAL）[152]和增广拉格朗日乘子法（Augmented Lagrange Multipliers，ALM）[153]。其中，IT 算法结构简单且收敛，但迭代次数较多，收敛速度较慢，迭代步长选取困难，应用范围有限。APG 算法与 IT 算法非常类似，但比 IT 算法迭代次数少，收敛速度快。由于每次迭代不需要矩阵的完全奇异值分解，DUAL 算法迭代速度较快，且具有更好的扩展性。ALM 算法比 APG 算法迭代速度快，且占用存储小，精度高。ALM 算法又分为精确拉格朗日乘子法（Exact Augmented Lagrange Multipliers，EALM）和非精确拉格朗日乘子法（Inexact Augmented Lagrange Multipliers，IALM）[154]。实验表明，同等条件下，IALM 算法的运行速度要比 APG 算法快 5 倍，比 EALM 算法快 3 倍。本章主要利用 IALM 算法来对多聚焦图像进行 RPCA 分解。

2.2.2 RPCA 图像分解模型

RPCA 将输入的数据矩阵分解为一个低秩的主成分矩阵和一个稀疏矩阵。其分解时间受输入数据矩阵的向量格式影响，不同向量格式的数据矩阵，其 RPCA 分解时间是不一样的。

为得到最优的 RPCA 图像分解模型，对不同向量格式的多聚焦图像进行 RPCA 分解，并对比其运行时间。其中，运行时间包括两幅多聚焦源图像的向量格式转化的时间和 RPCA 分解的时间。假设待分解多聚焦图像为 $I \in R^{m \times n}$，$m \times n$ 为图像大小，RPCA 分解的向量格式包括三种，分别为 $D \in R^{m \times n}$，$D \in R^{mn \times 1}$ 和 $D = \begin{bmatrix} I_A & I_B \end{bmatrix}$ 且 $I_A, I_B \in R^{mn \times 1}$。最后得到的稀疏矩阵均必须转化为 $E \in R^{m \times n}$，与源图像大小一致。对于 $D \in R^{m \times n}$，直接在多聚焦源图像上进行 RPCA 分解，两幅源图像需要分解两次，得到的稀疏矩阵同源图像大小一致，因此，稀疏矩阵不需要向量转化。对于 $D \in R^{mn \times 1}$，两幅源图像 $I \in R^{m \times n}$ 需要转化向量格式为 $I \in R^{mn \times 1}$，待 RPCA 分解结束后，稀疏矩阵 $E \in R^{mn \times 1}$ 需要转化为 $E \in R^{m \times n}$。对于 $D = \begin{bmatrix} I_A & I_B \end{bmatrix}$，直接对两幅源图像合成数据矩阵进行 RPCA 分解，分解后的稀疏矩阵需要转化两个同源图像大小相等的稀疏矩阵。用于对比实验的多聚焦图像有"Clock"（512×512）、"Pepsi"（512×512）、"Lab"（640×480）、"Disk"（640×480）、"Rose"（512×384）和"Brain"（256×256），如图 2.1 所示。不同向量格式的多聚焦图像 RPCA 分解时间对比如表 2.1 所示。

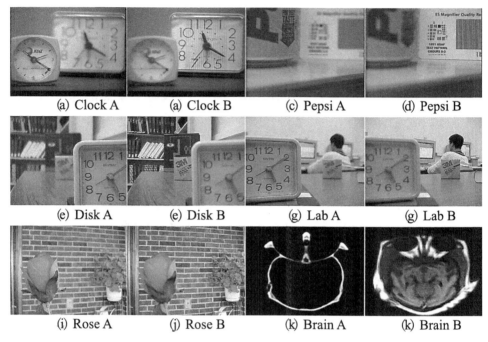

图 2.1 多聚焦源图像

表 2.1 不同向量格式的多聚焦图像 RPCA 分解时间对比

图像名称	数据矩阵向量格式		
	$D=I,\ I\in R^{m\times n}$	$D=I,\ I\in R^{mn\times 1}$	$D=[I_A\ \ I_B],\ I_A,I_B\in R^{mn\times 1}$
Clock	10.2310	**0.3794**	1.0003
Pepsi	9.7374	**0.3884**	1.0153
Lab	21.0188	**0.4562**	1.1663
Disk	17.3640	**0.4460**	1.1848
Rose	8.0979	**0.3143**	0.7859
Brain	2.4941	**0.1329**	0.2775

由表 2.1 可以看出，数据矩阵向量格式 $D\in R^{mn\times 1}$ 对应的多聚焦图像 RPCA 分解运行时间最短，而数据矩阵向量格式 $D\in R^{m\times n}$ 对应的多聚焦图像 RPCA 分解运行时间最长。因此，在本章融合算法的 RPCA 分解中，多聚焦图像需要转化的数据矩阵的向量采用格式 $D\in R^{mn\times 1}$。根据 RPCA 基本原理，构建 RPCA 图像分解模型如图 2.2 所示。

RPCA 图像分解模型对多聚焦图像 $I\in R^{m\times n}$ 进行向量格式转换，得到输入矩阵 $D\in R^{mn\times 1}$，对数据矩阵 $D\in R^{mn\times 1}$ 进行 RPCA 分解，得到低

2.2 RPCA 分解模型

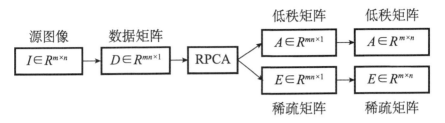

图 2.2 RPCA 图像分解模型

秩矩阵 $A \in R^{mn \times 1}$ 和稀疏矩阵 $E \in R^{mn \times 1}$，对低秩矩阵 $A \in R^{mn \times 1}$ 和稀疏矩阵 $E \in R^{mn \times 1}$ 进行向量转换得到与源图像大小一致的低秩矩阵 $A \in R^{m \times n}$ 和稀疏矩阵 $E \in R^{m \times n}$。将 RPCA 图像分解模型用于多聚焦图像 "Clock"，分解结果如图 2.3 所示。由图 2.3 可以看出，稀疏矩阵的显著区域特征与源图像的聚焦区域特征是相对应的。多聚焦图像融合通过聚焦区域特性判定，定位并提取源图像中的聚焦区域，将提取到的聚焦区域进行合并得到结果融合图像。因此，源图像聚焦区域特性的判定和聚焦区域的定位问题可转化为 RPCA 分解域内源图像稀疏矩阵显著区域特性的判定和显著区域的定位问题。显然，源图像在 RPCA 分解域的稀疏矩阵具有低维、稀疏且对噪声鲁棒的特性，有利于多聚焦图像聚焦区域特性的判定和聚焦区域的定位，有利于融合图像质量的提高[155]。

(a) 源图像 I (b) 低秩矩阵 A (c) 稀疏矩阵 E

图 2.3 多聚焦图像 "Clock" 的 RPCA 分解效果图

2.3 PCNN 模型

PCNN 是 Eckhorn R 等[138]根据猫、猴等哺乳动物视觉皮层中的同步脉冲发放现象而提出的一种新型生物学神经网络，属于第三代神经网络。具有动态脉冲发放及同步脉冲发放引起振动与波动、时空总和以及非线性调制等优良的视觉神经网络特性，比较符合人类视觉系统的生物学原理。因此，PCNN 被广泛应用于计算机视觉和图像处理等领域。PCNN 的同步脉冲和全局耦合特性使得当前 PCNN 神经元点火产生的输出在其他神经元上不断地扩散和传播，从而形成以最先点火神经元为波动中心，携带图像局部显著信息并贯穿整幅图像的自动波。该特性非常有利于多聚焦图像聚焦区域特性的判定。1999 年，Broussard R P 等[139]在目标识别研究时，首次将 PCNN 用于图像融合，在提高目标识别精度的同时，也验证了 PCNN 用于图像的可行性。本章中，对多聚焦图像进行 RPCA 分解，利用其稀疏矩阵的稀疏特征作为 PCNN 的外部输入，根据 PCNN 的点火次数来对多聚焦图像的聚焦区域特性进行判定。

2.3.1 PCNN 神经元模型

1990 年，Eckhorn R 等在根据猫等哺乳动物大脑视觉皮层的同步脉冲发放现象，提出了展示脉冲发放现象的简化神经元模型[138]，如图 2.4 所示。该模型由连接接收域（Linking Inputs）、反馈接收域（Feeding Inputs）和脉冲产生器（Pulse Generator）三个功能部分构成。Eckhorn R 等用一个具有变阈值和链接域特性的非线性系统来模拟 PCNN 神经元，同时，用线性时不变系统的漏电积分器 $I(V_\theta, \tau_\theta, t)$ 模拟神经元的电信号活动。在图 2.4 中，V_θ 和 τ_θ 分别是漏电积分器的放大倍数和衰减时间常数。

2.3 PCNN 模型

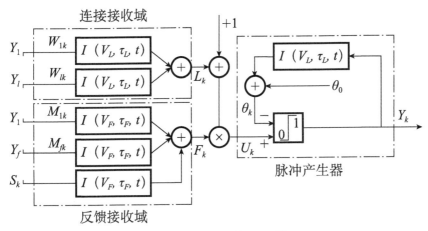

图 2.4 Eckhorn 神经元模型

Eckhorn 神经元模型用以下迭代方程描述为

$$F_k(t) = \sum_{i=1}^{r} \left\{ m_{ik} Y_i(t) + S_k(t) \right\} \otimes I(V_F, \tau_F, t) \quad (2.6)$$

$$L_k(t) = \sum_{j=1}^{l} \left\{ w_{jk} Y_j(t) \right\} \otimes I(V_L, \tau_L, t) \quad (2.7)$$

$$U_k(t) = F_k(t) \left\{ 1 + L_k(t) \right\} \quad (2.8)$$

$$Y_k(t) = \begin{cases} 1, & U_k(t) \geqslant \theta_k(t-1) \\ 0, & \text{其他} \end{cases} \quad (2.9)$$

$$\theta_k(t) = Y_k \otimes I(V_\theta, \tau_\theta, t) + \theta_0 \quad (2.10)$$

其中，k 代表神经元的计数，S 代表外部刺激，θ 代表动态阈值，Y 代表神经元模型的二值输出，而 l 和 r 分别代表连接接收域和反馈接收域神经元的个数，t 为迭代次数。

Eckhorn 神经元模型不同于传统的神经元模型[156]，它的各功能部分都是由指数衰减特性的漏电积分特性组成，具有非线性特性，且结构比传统神经网络要复杂。它用一种非线性调直机理，将输入和周围连接输入的综合作为神经元的输入。它的输出为二值脉冲时间序列。Eckhorn 通过大量的实验观察发现，二维 Eckhorn 神经网络在处理二维图像数据时，能够较好的利用像素灰度值的相似性和像素空间上的临近性像素进行处理。但是从图像处理的角度来看，Eckhorn 神经元模型存在一些局限和不足。Eckhorn 神经元的非线性特性不利于网络特性的数学分析。对基于空间临近和亮度相似像素集群同步振荡产生机理缺乏清晰的数学描述。模型中参数较多，且比较复杂，对不同信号的处理缺乏自适应性。这些局限和不足限制了在图像处理中的推广应用。

针对 Eckhorn 神经元模型的局限和不足，Ranganath H S 等[157]改进了输入域中的漏电积分器，简化了输入中的指数衰减项，并引入链接强度来控制内部活动项。改进后的神经元被称为 PCNN 神经元，是最初的 PCNN 神经元模型[158]。PCNN 神经元模型[133]结构如图 2.5 所示。

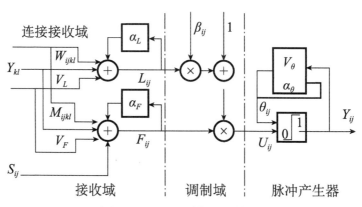

图 2.5　PCNN 神经元模型

由图 2.5 可以看出，该模型也是由三个功能部分组成，分别是接收域（Receptive Field）、调制域（Modulation Field）和脉冲产生器。其中，接收域主要负责接收来自外部以及相邻神经元的输入刺激。接收域由连接输入通道 L 和反馈输入通道 F 构成，其中，通道 L 负责接收相邻性神经元的输入刺激，通道 F 负责接收外部输入刺激和相邻性神经元的输入刺激，通道 F 的信号变化比通道 L 的信号变化要慢。调制域的作用是将通道 L 的信号经过尺度变换和正偏移处理后与通道 F 的信号进行相乘调制。脉冲产生器负责通过内部活动项 U 和动态门限 θ 来控制脉冲的产生，动态门限 θ 随着模型输出状态的变化而变化。

PCNN 神经元模型的迭代方程[153]为

2.3 PCNN 模型

$$F_{ij}(n) = e^{-\alpha_F}F_{ij}(n-1) + S_{ij} + V_F\sum_{kl}M_{ij\;kl}Y_{kl}(n-1) \quad (2.11)$$

$$L_{ij}(n) = e^{-\alpha_L}L_{ij}(n-1) + V_L\sum_{kl}W_{ij\;kl}Y_{kl}(n-1) \quad (2.12)$$

$$U_{ij}(n) = F_{ij}(n)[1+\beta L_{ij}(n)] \quad (2.13)$$

$$Y_{ij}(n) = \begin{cases} 1, & U_{ij}(n) > \theta_{ij}(n) \\ 0, & 其他 \end{cases} \quad (2.14)$$

$$\theta_{ij}(n) = e^{-\alpha_\theta}\theta_{ij}(n-1) + V_\theta Y_{ij}(n-1) \quad (2.15)$$

$$T_{ij} = T_{ij}(n-1) + Y_{ij}(n) \quad (2.16)$$

其中，n 为迭代次数，$F_{ij}(n)$ 表示神经元的第 n 次反馈输入，$L_{ij}(n)$ 表示神经元的第 n 次连接输入，$U_{ij}(n)$ 表示神经元的第 n 次内部活动项，$\theta_{ij}(n)$ 表示神经元的第 n 次动态阈值，$Y_{ij}(n)$ 表示神经元的二值输出，$Y_{ij}(n)$ 的 n 次迭代输出和为 T_{ij}，通常称为点火次数或点火频率，S_{ij} 表示神经元的外部刺激，V_F，V_L，V_θ 分别为通道 F，通道 L 以及动态门限 θ 的相应幅度常数，α_F，α_L 和 α_θ 为相应的衰减系数，β 为连接强度，M 和 W 为连接权矩阵。

由于众多神经元模型参数需要设置，而且很难调节，大大影响了 PCNN 模型的使用效率。研究者又对其进行了简化改进[159,160]，提出一种效果较好的简化模型如图 2.6 所示。

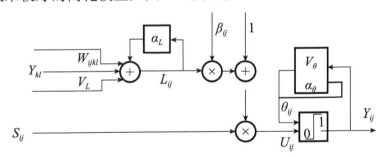

图 2.6 简化 PCNN 神经元模型

由图 2.6 可以看出，简化 PCNN 神经元模型直接将外部输入刺激输入到神经元，去掉了接收域漏电积分器，在减少模型参数的同时，保留了原有模型的一些好的特性，更加有利于对图像信息的处理。该

参数模型的迭代方程表示为

$$F_{ij}(n) = S_{ij} \tag{2.17}$$

$$L_{ij}(n) = e^{-\alpha_L}L_{ij}(n-1) + V_L \sum_{kl} W_{ij\,kl}Y_{kl}(n-1) \tag{2.18}$$

$$U_{ij}(n) = F_{ij}(n)[1 + \beta L_{ij}(n)] \tag{2.19}$$

$$Y_{ij}(n) = \begin{cases} 1, & U_{ij}(n) > \theta_{ij}(n) \\ 0, & 其他 \end{cases} \tag{2.20}$$

$$\theta_{ij}(n) = e^{-\alpha_\theta}\theta_{ij}(n-1) + V_\theta Y_{ij}(n-1) \tag{2.21}$$

在 PCNN 神经元模型中，当 $U>\theta$ 时，神经元点火产生脉冲输出，同时，动态门限通过反馈迅速提高；当 $\theta>U$ 时，脉冲产生器被关闭，停止发放脉冲。动态门限 θ 随着迭代次数 n 的增加而指数衰减；当 $U>\theta$ 时，神经元再次点火产生脉冲输出，这样一个重复的过程为 PCNN 神经元的基本工作机理。

2.3.2 PCNN 图像处理模型

PCNN 是一个由若干 PCNN 神经元互连构成的单层二维神经元阵列，随着迭代次数 n 的增加，连接权矩阵 W 将单个或几个神经元的脉冲信号传递给相邻神经元，从而改变神经元中通道 F 和通道 L 中信号的大小，使得相邻神经元的内部活动项 U 提前增大，当 $U>\theta$ 时，神经元点火产生脉冲输出。因此，PCNN 可自动实现信息传递与耦合，而这一特性有利于图像信息的融合。

PCNN 在处理图像时，一般假设网络中 PCNN 神经元与图像像素一一对应，个数相等。每个神经元与其相邻神经元构成 $n \times n$ 的连接权阵，该神经元处于矩阵中心位置。权阵内，相邻神经元之间相互连接如图 2.7 所示。

图 2.7（a）为 4 邻域连接，图 2.7（b）为 8 邻域连接，其连接权值大小为相邻神经元欧氏距离的倒数[156]，神经元 ij 与神经元 kl 连接权可表示为

2.3 PCNN 模型

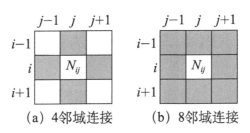

图 2.7 PCNN 神经元连接域

$$M_{ij,kl} = \frac{1}{(i-k)^2 + (j-l)^2} \tag{2.22}$$

在图像处理过程中，PCNN 将像素点的灰度值作为 PCNN 神经元的外部输入，而链接强度 β 的大小与像素点的灰度值无关。但随着链接强度 β 的增加，神经元捕获的像素亮度强度范围变大，同时点火的神经元数目也随之增加。当链接强度 β 和通道 L 的参数固定时，亮度强度越相近的像素，其对应的神经元越容易被捕获。图 2.8 为基于 PCNN 的图像处理过程，可以看出，以集群相似性为基础的同步脉冲发放是 PCNN 具有的基本特征。图像中像素的位置、亮度和强度越接近，其对应的神经元越容易同时点火，这使得 PCNN 具有全局耦合和同步脉冲的特性。

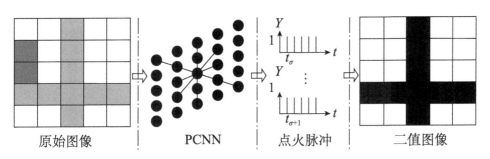

图 2.8 基于 PCNN 的图像处理过程

另外，PCNN 的生物学背景使其更符合人眼的视觉特性，对图像细节信息的细微差别非常敏感，容易捕捉图像细节细微变化。这对于多聚焦图像中的聚焦区域相似性判定具有重要意义，为进一步改善和提高融合图像质量奠定了基础。

2.4 基于 RPCA 与 PCNN 的多聚焦图像融合

将 RPCA 的低维、噪声鲁棒特性同 PCNN 的同步脉冲全局耦合的生物特性相结合,本节提出一种基于 RPCA 与 PCNN 的多聚焦图像融合算法。在多聚焦图像的 RPCA 分解域内,将源图像稀疏矩阵的区域特征作为 PCNN 神经元的外部刺激,通过 PCNN 神经元的点火次数来对多聚焦图像的聚焦区域特性进行判定,进而实现对聚焦区域的准确识别和定位,提高融合图像质量。

2.4.1 算法原理

基于 RPCA 与 PCNN 的多聚焦图像融合算法如图 2.9 所示。其中,D_A 和 D_B 分别为源图像 I_A 和 I_B 向量转化后的数据矩阵,E_A 和 E_B 分别为数据矩阵 D_A 和 D_B 经 RPCA 分解后得到的稀疏矩阵,F_A 和 F_B 分别为稀疏矩阵 E_A 和 E_B 块划分后的特征矩阵,β 为 PCNN 的链接强度。

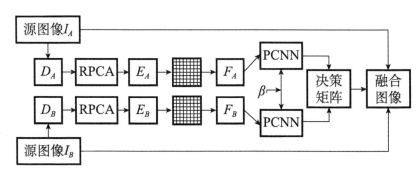

图 2.9　基于 RPCA 与 PCNN 的多聚焦图像融合算法

算法对源图像进行 RPCA 分解,将源图像对应稀疏矩阵的显著特征信息作为 PCNN 神经元的外部刺激,根据 PCNN 的点火频率矩阵构建融合决策矩阵。通过融合规则将两幅多聚焦图像聚焦区域融合,得到融合图像。

具体步骤如下:

(1) 对经过配准的源图像 I_A 和 I_B 进行向量转换,得到相应的数据矩阵 D_A 和 D_B,如式 (2.23) 所示,其中,$I \in R^{m \times n}$,$D \in R^{mn \times 1}$。

$$D = \text{Vec}(I) \qquad (2.23)$$

(2) 根据式 (2.1) 对数据矩阵 D_A 和 D_B 进行 RPCA 分解,并进行向量转换,分别得到源图像的对应稀疏矩阵 E_A 和 E_B,E_A 和 E_B 与源图像 I_A 和 I_B 大小相同。

(3) 对稀疏矩阵 E_A 和 E_B 分别进行块划分,并用 $E_A^{(k)}$ 和 $E_B^{(k)}$ 分别表示稀疏矩阵 E_A 和 E_B 中的第 k 个稀疏矩阵子块。用 $\text{EOL}_{(k)}^{E_A}$ 和 $\text{EOL}_{(k)}^{E_B}$ 分别表示稀疏矩阵子块 $E_A^{(k)}$ 和 $E_B^{(k)}$ 的拉普拉斯能量 EOL,$\text{EOL}_{(k)}^{E_A}$ 和 $\text{EOL}_{(k)}^{E_B}$ 分别构成了稀疏矩阵 E_A 和 E_B 的特征矩阵 F_A 和 F_B。各矩阵子块的 EOL 计算如下:

$$\text{EOL} = \sum_i \sum_j (E_{ii} + E_{jj}) \qquad (2.24)$$

$$\begin{aligned}E_{ii} + E_{jj} = &- E(i-1,j-1) - 4E(i-1,j) - E(i-1,j+1) \\ &- 4E(i,j-1) + 20E(i,j) - 4E(i,j+1) - E(i+1,j-1) \\ &- 4E(i+1,j) - E(i+1,j+1)\end{aligned} \qquad (2.25)$$

其中,$E(i,j)$ 代表稀疏矩阵子块中 (i,j) 位置元素的值。

(4) 将特征矩阵 F_A 和 F_B 的元素作为 PCNN 神经元的外部刺激,产生同步脉冲,经过 n 次迭代,根据式 (2.16) 得到相应的点火次数,从而构成点火频率矩阵 T_A 和 T_B。根据融合规则,由点火频率矩阵 T_A 和 T_B 构建决策矩阵,以决策矩阵为基础,将符合条件的图像子块进行合并,得到融合图像。

2.4.2 融合规则

在图像融合过程中,融合规则作为图像融合的关键因素,直接影响着图像融合的速度和融合图像的质量。多聚焦图像聚焦区域的区域特性判别和聚焦区域的选取将直接影响融合图像的质量。而源图像经 RPCA 分解后,其稀疏矩阵的显著特征区域同源图像的聚焦区域相互对应。本节用 EOL 来描述源图像稀疏矩阵的显著特征。由于稀疏矩阵的局部区域特征相似性通过 PCNN 神经元的点火次数来描述，点火次数的大小直接反映了稀疏矩阵局部区域显著特征相似程度，点火次数大的稀疏矩阵区域表示其局部区域显著特征相似程度高，显著特征明显，所对应的源图像区域为聚焦区域，而点火次数小的稀疏矩阵区域表示其显著特征相似程度低，所对应的源图像区域为离焦区域。所以，在融合规则方面，应采用"取大"原则，即选取 PCNN 神经元点火次数较大的稀疏矩阵子块所对应的源图像区域进行合并，得到最后的融合图像。

用 $T_k^A(n)$ 和 $T_k^B(n)$ 分别表示点火矩阵 T_A 和 T_B 第 k 个元素，根据式（2.26），比较 T_k^A 和 T_k^B 的大小来构建决策矩阵 H：

$$H(i,j) = \begin{cases} 1, & T_k^A(n) \geqslant T_k^B(n) \\ 0, & \text{其他} \end{cases} \quad (2.26)$$

其中，"1"表示源图像 I_A 中与稀疏矩阵所对应的第 k 个图像子块中的像素 (i, j) 位于聚焦区域，"0"表示源图像 I_B 中与稀疏矩阵所对应的第 k 个图像子块中的像素 (i, j) 位于聚焦区域，H 同源图像大小相同。

EOL 作为稀疏矩阵局部区域的显著特征评价标准，并不能保证提取出所有的源图像聚焦区域。决策矩阵各区域间还存在着毛刺、截断、狭窄的粘连和小洞，需要对其进行形态学的腐蚀膨胀操作[111]。腐蚀操作可去除决策矩阵中间区域的毛刺和狭窄的粘连，膨胀操作可去除截断和小洞。为准确去除小洞，对于去除洞的大小，设定了专门的阈值，当洞的大小小于阈值时，对其进行膨胀操作。在本节中，结构元素为 5×5 大小的逻辑矩阵，去除小洞的阈值大小为 1000。根据式（2.27）和经过形态学处理后的决策矩阵 H，将源图像 I_A 和 I_B 中聚焦区域的像素 (i, j) 进行合并得到最后的融合图像 F：

$$F(i,j) = \begin{cases} I_A(i,j), & H(i,j) = 1 \\ I_B(i,j), & H(i,j) = 0 \end{cases} \quad (2.27)$$

2.5 实验结果与分析

为验证所提出融合算法的性能,本节所用测试图像为已经配准的 4 组多聚焦图像[32,33],如图 2.10 所示。分别为"Disk","Lab",

(a) "Disk"左聚焦图像　　(b) "Disk"右聚焦图像

(c) "Lab"左聚焦图像　　(d) "Lab"右聚焦图像

(e) "Rose"左聚焦图像　　(f) "Rose"右聚焦图像

(g) "Book"左聚焦图像　　(h) "Book"右聚焦图像

图 2.10　4 组多聚焦图像

"Rose"和"Book",其像素分别为 640×480,640×480,512×384 和 640×480。

为验证所提融合算法相对于传统方法的有效性,本节引入一些传统方法对这 4 组测试图像进行了融合实验。这些传统方法包括基于 DWT 的融合方法,基于 SF 的融合方法[44],基于 RPCA 的融合方法(Wan T 等的方法[155]),PCNN1(Huang W 等的方法[142]),PCNN2(Miao Q 等的方法[141])。本节采用由 Eduardo Fernandez Canga 开发的工具箱[161]来仿真 DWT,SF 方法;RPCA 工具箱[162]用于仿真基于 RPCA 的融合方法;PCNN 工具箱[163]用于仿真 PCNN1,PCNN2 以及本章所提出的融合方法。算法用 Matlab 2011b 在工作站 Z800(CPU Xeon X5570,48G 内存)上实现。操作系统为 Windows 7.0。实验结果给出了算法执行后的融合图像,并对融合图像进行了主观和客观评价,客观评价指标包括互信息 MI 和边缘保持度 $Q^{AB/F}$。

2.5.1 实验参数设置

具体的实验参数设置包括:DWT 采用"bi97"小波滤波器对多聚焦图像进行分解和重构,DWT 的分解层数均为 4 层;PCNN1 的参数 $k\times l=13\times 13$,$\alpha_L=1.0$,$\alpha_\theta=5.0$,$V_L=0.2$,$V_\theta=20.0$,$N=300$;PCNN2 的参数 $k\times l=3\times 3$,$\alpha_L=0.9$,$\alpha_\theta=2.5$,$V_L=0.2$,$V_\theta=20.0$,$N=200$;Wan T 等的 RPCA 方法中滑动窗口大小为 35×35;本节提出的基于 RPCA 与 PCNN 的融合算法以及 PCNN1 方法对图像的分块大小均为 8×8。为对比各融合算法在高斯白噪声环境下的性能,本节分别给多聚焦图像"Rose"和"Book"添加了标准差 $\sigma=10$ 的高斯白噪声。

2.5.2 实验结果

为方便比较不同算法的融合性能,本节分别列出了不同算法对多聚焦图像"Disk","Lab","Rose"和"Book"的融合图像以及"Lab"和"Rose"的融合图像与源图像间的差异图像,并用表格列出了不同算法在融合以上多聚焦图像时的性能。图 2.11(a)~(f),图 2.12(a)~(f),图 2.13(a)~(f)和图 2.14(a)~(f)分别列出了不同融合方法对多聚焦图像"Disk","Lab","Rose"和"Book"的融合结果。图 2.15(a)~(f)和图 2.16(a)~(f)分别列出了不同融合方法对多聚焦图像"Lab"和"Rose"的融合图像与源图像间的差异图像。表 2.2 和表 2.3 分别列出了不同融合方法在融合"Disk","Lab","Rose"和"Book"时的性能指标值。在表 2.2 和表 2.3 中,从左到右各融合算法性能指标列依次为:互信息 MI 和边缘保持度 $Q^{AB/F}$。另外,表 2.2 和表 2.3 还列出了各算法的运行时间(以秒为单位)。

(a) 基于DWT的融合图像　(b) 基于SF的融合图像　(c) 基于RPCA的融合图像

(d) 基于PCNN1的融合图像　(e) 基于PCNN2的融合图像　(f) 本章算法的融合图像

图 2.11　不同融合方法获得的多聚焦图像"Disk"的融合图像

图 2.12 不同融合方法获得的多聚焦图像"Lab"的融合图像

图 2.13 不同融合方法获得的含噪声多聚焦图像"Rose"的融合图像

2.5 实验结果与分析

(a) 基于DWT的融合图像　(b) 基于SF的融合图像　(c) 基于RPCA的融合图像

(d) 基于PCNN1的融合图像 (e) 基于PCNN2的融合图像　(f) 本章算法的融合图像

图 2.14　不同融合方法获得的含噪声多聚焦图像"Book"的融合图像

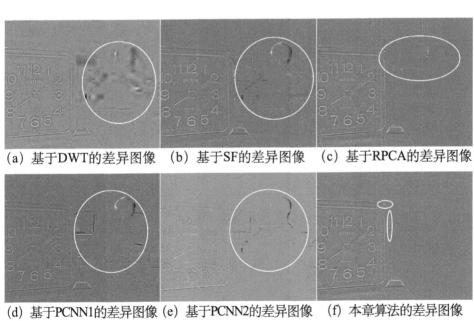

(a) 基于DWT的差异图像　(b) 基于SF的差异图像　(c) 基于RPCA的差异图像

(d) 基于PCNN1的差异图像 (e) 基于PCNN2的差异图像　(f) 本章算法的差异图像

图 2.15　不同融合方法对多聚焦图像"Lab"的融合图像与源图像间的差异图像

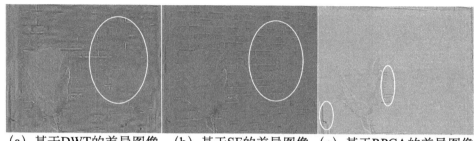

(a) 基于DWT的差异图像　(b) 基于SF的差异图像　(c) 基于RPCA的差异图像

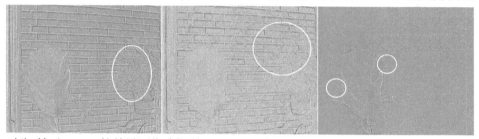

(d) 基于PCNN1的差异图像 (e) 基于PCNN2的差异图像　(f) 本章算法的差异图像

图 2.16　不同融合方法对含噪声多聚焦图像"Rose"的融合图像
与含噪声源图像间的差异图像

表 2.2　不同算法在融合多聚焦图像"Disk"和"Lab"时的性能比较

算法	Disk			Lab		
	MI	$Q^{AB/F}$	运行时间/s	MI	$Q^{AB/F}$	运行时间/s
DWT	5.36	0.64	0.64	6.47	0.69	0.59
SF	7.00	0.68	1.01	7.94	0.72	1.03
RPCA	8.12	0.72	60.38	8.50	0.75	60.80
PCNN1	8.38	0.70	0.54	8.86	0.71	0.55
PCNN2	8.86	0.58	32.14	8.78	0.68	32.51
本章算法	**8.96**	**0.75**	1.08	**8.90**	**0.76**	1.08

表 2.3　不同算法在融合含噪声多聚焦图像"Rose"和"Book"时的性能比较

算法	Rose			Book		
	MI	$Q^{AB/F}$	运行时间/s	MI	$Q^{AB/F}$	运行时间/s
DWT	4.74	0.69	0.31	7.03	0.75	0.45
SF	6.50	0.75	0.641	8.92	0.79	0.99
RPCA	**8.06**	0.74	38.61	9.39	**0.80**	63.78
PCNN1	7.83	0.74	0.37	**9.48**	0.72	0.52
PCNN2	6.33	0.71	20.80	9.42	0.75	31.67
本章算法	7.85	**0.75**	0.68	9.47	**0.80**	0.94

2.5.3 实验结果主观评价

由图 2.11~图 2.14 可以看出，基于 DWT 的融合方法所得融合图像出现了模糊。例如，图 2.11（a）中的书架上白色图书书脊的边缘区域，图 2.12（a）中的学生头部右侧边缘部分区域，图 2.13（a）中的左侧玫瑰花的左边缘区域，以及图 2.14（a）中的右侧图书上部边缘区域都出现了不同程度模糊。基于 SF 的融合方法以及 Huang W 等的方法所得融合图像出现了"块效应"。例如，图 2.11（b），（d）中的书架上白色图书书脊的边缘区域和右侧钟表的上边缘区域，以及图 2.12（b），（d）中的学生头部右侧边缘区域均出现部分块状痕迹黑色斑块；图 2.13（b）中的左侧门框中间部分的边缘区域和玫瑰花的中间区域，图 2.13（d）中的左侧门框和玫瑰花之间的区域，以及图 2.14（b），（d）中的左侧图书封皮和上部边缘区域都出现了不同程度块状模糊。基于 RPCA 的融合方法所得融合图像中也出现部分"块效应"。例如，图 2.11（c）中的右边钟表的左侧和上侧边缘部分有明显的块状模糊；图 2.11（f）中的右侧钟表的左边缘区域也有不太明显的块状模糊；图 2.12（c）中的学生头部上侧边缘区域有细长的突起；图 2.13（c）中的左侧玫瑰花的上边缘和右边缘区域，以及图 2.14（c）中的左侧图书封皮部分和两本书之间的边缘区域都出现了不同程度块状模糊。Miao Q 等的融合方法所得融合图像有明显的区域模糊。例如，图 2.11（e）中的书架上白色图书书脊的边缘区域和桌面磁盘，图 2.12（e）中的学生头部上侧边缘区域，图 2.13（e）中的左侧门框与玫瑰花之间区域，以及图 2.14（e）中的右侧图书封皮上边缘部分都出现了明显的模糊。在图 2.11 和图 2.12 中，本章算法的融合图像都能清晰的显示源图像场景中的目标细节信息。由含噪声源图像的融合效果来看，图 2.13 和图 2.14 中，本章算法的融合图像对比度好于其他融合方法所得融合图像的对比度。

由图 2.15（a）和图 2.16（a）可以看出，基于 DWT 方法所得融合图像的差异图像出现部分扭曲。基于 SF 的融合方法[44]、Wan T 等[155]的融合方法和 Huang W 等[142]的融合方法所得融合图像的差异图像有明显的块状残留。例如，图 2.15（b）~（d）中右侧学生头部和显示器区域，图 2.16（b），（d）中的右侧墙体区域，以及图 2.16（c）中的门框底部区域和玫瑰花的右边缘区域都有明显的块状残留。Miao Q 等[141]的融合方法所得融合图像的差异图像有明显的边缘残留。例如，图 2.15（e）中右侧学生头部及背部轮廓边缘和图 2.16（e）中的右侧墙体砖块的网格轮廓都有明显的残留。在本章算法的差异图像中，图 2.15（f）中左侧钟表中的轮廓边缘部分有少许残留，其右侧光滑平整；图 2.16（f）中左侧玫瑰花纹理和边缘清晰，右侧光滑平整，但其左侧玫瑰花的左右侧边缘区域有少量残留。

2.5.4 实验结果客观评价

为更加客观准确地对比各融合方法的性能，表 2.2 和表 2.3 分别列出了不同融合方法在融合无噪声多聚焦图像"Disk"，"Lab"以及含高斯白噪声多聚焦图像"Rose"，"Book"时的互信息 MI 和边缘保持度 $Q^{AB/F}$。

从表 2.2 中的算法性能指标值可看出，本章算法的融合图像的 MI 值最大，其次是基于 PCNN 的融合方法，其融合图像的 MI 值大于其他方法所得融合图像的 MI 值，原因在于 PCNN 模型的信息处理方式近似于人的视觉信息处理模式。基于 DWT 的融合方法所得融合图像 MI 值最小。Miao Q 等[141]的融合方法的融合图像边缘保持度 $Q^{AB/F}$ 最小，其次是基于 DWT 的融合方法的融合图像边缘保持度。本章算法的融合图像边缘保持度 $Q^{AB/F}$ 最大。

从表 2.3 中的算法性能指标值可看出，Wan T 等[155]的融合方法对含噪声多聚焦图像"Rose"融合时的 MI 值最高，Huang W 等的方法对含噪声多聚焦图像"Book"融合时的 MI 值最高。本章算法将源图像的稀疏特征作为 PCNN 神经元的外部刺激，有利于对源图像聚焦区域目标细节信息的提取。其融合图像的边缘保持度 $Q^{AB/F}$ 最大，且与 Wan T 等[155]的融合方法所得融合图像的边缘保持度非常接近。

从表 2.2 和表 2.3 中各融合方法的运行时间来看，基于 DWT 的融合方法运行时间最短。本章算法采用分块的方法来提高聚焦区域检测的速度，其运行时间比 Miao Q 等[141]的融合方法和 Wan T 等[155]的融合方法运行时间短。Miao Q 等[141]的融合方法中各像素邻域的 EOL 计算也耗费了大量时间。Wan T 等[155]的融合方法运行时间长的原因在于两方面，一方面，基于 RPCA 的融合方法需要耗费大量时间计算各像素邻域的标准差；另一方面，RPCA 分解对主成分矩阵进行 SVD 分解需要耗费大量时间，SVD 分解一个矩阵 $I \in R^{n \times n}$ 的时间复杂度为 $O(n^3)$。

2.6 本章小结

为增强多聚焦图像融合算法对噪声的鲁棒性，根据图像在 RPCA 分解域内稀疏矩阵具有低秩且对噪声鲁棒的特性以及其局部显著特征同源图像聚焦区域显著特征相对应的特点，将 RPCA 引入多聚焦图像融合中，提出了基于 RPCA 与 PCNN 的多聚焦图像融合算法。在多聚焦图像的 RPCA 分解域内，对稀疏矩阵进行块划分，将稀疏矩阵各子块的 EOL 作为 PCNN 神经元的外部输入，根据 PCNN 神经元的点火次数来判断各矩阵子块的聚焦特性，并将检测到的聚焦子块合并得到融合图像。稀疏矩阵子块的 EOL 被用于检测源图像聚焦区域特性，对噪声具有鲁棒性。通过对不同多聚焦图像进行融合实验，本章算法的融合图像可有效保留图像纹理细节信息以及聚焦区域的物体结构信息，融合效果优于传统融合方法。因此，本章算法是可行的、有效的。

第3章 基于 RPCA 与四叉树分解的多聚焦图像融合算法

3.1 引　　言

多聚焦图像融合的核心是获取不同聚焦平面上的图像聚焦信息，将它们融合成为一幅全聚焦图像。在大多数文献中，针对多聚焦图像融合中聚焦信息的提取和融合，主要有两种方法：基于区域选择和基于多尺度分解的融合方法。其中，基于区域选择的融合方法认为越清晰的图像描绘的内容越多，而聚焦区域的划分是融合算法的关键，直接影响着融合图像的质量。

基于区域选择的融合方法主要包括基于区域分割和基于分块两类方法。基于区域分割的方法根据强度、纹理和空间频率等相似特征对源图像进行分割，将源图像分割为条理分明的区域，容易将焦点内外的像素分割到同一区域，降低融合图像质量。此外，几乎所有的分割算法复杂且耗时，大大限制了基于区域分割的融合方法的推广应用[18]，此类方法的相关研究相对较少。基于分块方法中最简单的方法是将所有源图像分解为同样大小的块，对各图像子块的聚焦特性进行判定，按照一定的融合规则将图像子块进行合并得到最后的融合图像[69]。但图像子块特征受到分块尺寸大小的限制，不能充分反映其聚焦特性，从而进一步导致聚焦子块的错误选择，每个图像块都被作为个体单独处理，相邻图像间的关联性被忽视，使得图像子块非均匀失真,进而使得融合图像中的子块之间像素值在视觉上表现出不连续的现象,相邻块之间块边界十分明显,近似于融合图像中有很多"马赛克",融合图像出现"块效应"[17,164]。针对融合图像的"块效应"问题,Li S[55,56]采用基于学习的方法从分类的角度先后用 ANN 和 SVM 进行子块聚焦特性的判定,虽然一定程度上提高了融合图像质量,但由于经验数据的数量限制,该方法并未得到进一步的推广。Li M 等[57]和 Huang W 等[142]将图像子块特征作为 PCNN 神经元的外部刺激,利用 PCNN 神经元的点火频率来对图像子块聚焦特性进行判定,改善了融合效果。Zhang Y 等[66]利用模糊测度来对图像子块聚焦特性进行判定,提高了融合图像质量。Wu W 等[70]基于 HMM,根据各子块的保真度和相邻子块之间的关系对子块的聚焦特性进行判定,虽然取得不错的融合效果,但该模型复杂耗时。Zhao H 等[68]利用微分几何对图像子块的聚焦特性进行判定。以上几种方法主要是从提高图像子块聚焦特性判定准确性上来抑制"块效应",虽然融合性能有所提高,但未考虑图像子块尺寸大小对块效应的影响,所以"块效应"问题并没有得到有效的抑制。另外,研究者也对图像子块尺寸大小的确定方法进行改进。Fedorov D 等[51]从聚焦点的分布情况入手,对源图像进行非矩形划分,以抑制融合图像的块边缘效应。Ishita De 等[54]在利用图像形态学梯度能量来进行聚焦特性判定的同时,利用四叉树结构来确定图像的最优子块划分,抑制了"块效应",增强了融合效果。

随着数字化图像采集和处理设备的普及,图像在采集和传输过程中,常常受到环境条件、传感器以及传输信道的干扰,图像往往都含有噪声,在影响人们视觉感官的同时,无法将重要信息清晰准确地传递给使用者,从而导致误判造成不必要的损失。这些噪声都是以零均值的高斯分布形式存在。它们同图像中的边缘和纹理细节相互混叠,而图像中边缘和纹理信息是图像聚焦特性判定的核心,从而影响了对图像子块聚焦特性的准确判定,加剧了传统融合方法中的"块效应"。因此,噪声对融合图像"块效应"的影响不能忽视。由于四叉树结构能够较好捕捉图像中方向性较强的边缘和纹理[165,166]，而高斯噪声不具有方向性，一定程度上抑制了噪声。此外，由于 RPCA 对噪声具有较强鲁棒性，非常有利于源图像中的聚焦区域特性的判定，从而增强了"块效应"的抑制效果，这一特性在第 2 章已经得到验证。

为抑制"块效应"对融合图像质量的影响，改善融合图像视觉效果，本章在第 2 章的基础上，根据四叉树分解易捕捉方向性较强的图像边缘和纹理的特点，提出了一种基于 RPCA 和四叉树分解的多聚焦图像融合算法，在源图像的 RPCA 分解域内，对源图像的稀疏矩阵平均操作构建临时稀疏矩阵，并对临时稀疏矩阵进行四叉树分解，根据临时稀疏矩阵的区域一致性，对源图像进行递归划分，从而确定源图像的最优块划分。本章融合规则是基于稀疏矩阵局部子块聚焦特性设计的，不直接依赖于源图像的聚焦特性，使得本章提出的融合算法对噪声具有鲁棒性。最后，对不同的多聚焦图像进行了融合实验，实验结果表明，本章算法相比于传统融合算法可以从源图像转移更多边缘纹理等细节信息，抑制了"块效应"，提高了融合图像质量。

3.2　四叉树分解模型

目前，在图像处理和计算机视觉领域，树结构是一种重要的非线性结构。其中，四叉树结构被广泛用于图形显示[167,168]、图像分割[169,170]、数据压缩[171,172]、目标表达和运算[173,174]等领域。由于二维空间中的平面元素可被重复划分为四部分，图像内容以及图形的复杂程度决定着树的深度，四叉树在二维图像像素定位方面有着独特的优势[175]。

3.2.1　图像区域分割与合并

在计算机视觉处理中，往往通过参数化描述来反映图像中的几何组块。但由于基于点的目标描述过于复杂，需要用点组合的形式来对图像目标进行有效描述。相互连接的具有相似特性的一组像素构成了

3.2 四叉树分解模型

图像中的区域，图像区域常常对应场景中的目标物体。因此，区域的检测与划分对于图像解释尤为重要。

常用的图像区域划分方法有基于区域分割的方法和基于边缘检测轮廓估计的方法。其中，基于区域方法将图像中与场景目标物体所对应的像素进行组合和标记，以表示它们属于同一个子区域，这个过程被称为区域分割[175]。基于区域分割的方法将图像划分为有意义的或相关的区域类。同一区域类的像素在属性空间的同一子区域内，具有相近的属性，而不同区域类的像素则聚集在不同的属性空间子区域内，图像分割的实质就是通过区域属性空间的正确划分，将相同属性的像素划分到同一属性空间子区域，用图像中目标的边界或其覆盖区域来对目标进行描述。像素间的相近属性一般包括数值上的（区域内像素的灰度之差或灰度值分布）相似性和空间上的（区域内像素间的欧氏距离或区域密度）相似性。

在实际应用中，一些图像中目标和背景边缘附近的灰度值是渐变的，对于此类图像，传统的分割算法不能得到较好的分割效果[176-178]，不利于聚焦区域目标的提取。针对这一问题，研究者提出一种基于区域和边界的混合算法-分割与合并算法（Split-Merge Algorithm）[179]。算法由区域分割和区域合并两类算法组合而成，需要考虑区域分割前后区域属性的稳定性。算法常用灰度值的变化量作为稳定性的度量或者用拟合函数与灰度值的差作为相似度的度量。

假设将一幅图像划分成多个区域，构成区域集合 $\{R_i\}$，$i=1, 2, \cdots, n$，如式（3.1）所示。

$$\bigcup_{i=1}^{n} R_i = I \tag{3.1}$$

用谓词 H 表示区域中像素的相似性，根据区域谓词 H 的性质如式（3.2）所示，满足谓词的区域上所有像素是一致的。

$$H(R) = \begin{cases} 1, & \text{一致性小于阈值} \\ 0, & \text{其他} \end{cases} \tag{3.2}$$

区域分割合并算法如下：

（1）选取整幅图像作为初始区域。

（2）选取区域 R_i，并判断该区域是否满足谓词 H，如果 $H(R_i)=0$ 不满足，则意味着区域 R_i 中的像素相似性是不均匀的，需要把该区域按照某种规则分割为多个子区域，如图 3.1 所示。

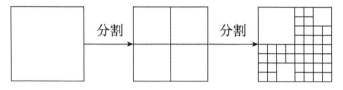

图 3.1　图像区域分割过程

（3）对比任意两个或多个相邻子区域 k，当 $H(R_1 \cup R_2 \cup \cdots \cup R_k)=1$ 时，将这 k 个区域合并成一个区域，如图 3.2 所示。

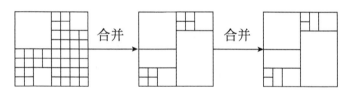

图 3.2　图像区域合并过程

（4）如此重复以上步骤，直到不能再进行区域分割和合并为止。

区域分割与合并算法非常灵活，可将其他区域一致性引入到算法当中，根据实际需要对区域一致性进行补充和扩展。可在先验知识不足的情况下，对图像进行有效的区域划分。分割与合并算法的有效性依赖于对区域一致性统计假设的准确性，常采用四叉树[180]或金字塔型结构[181]来实现循环和区域模块化。本章主要采用四叉树来实现分割与合并算法。

3.2.2　区域一致性标准

区域一致性标准又称"一致性谓词"，是图像区域分割中的关键要素[182,183]，直接影响着图像区域分割的效果。常用的形式有以下几种：

(1) 用区域中最大灰度差来度量图像区域像素相似性，即像素灰度最大值与最小值之差小于设定阈值 T，如式（3.3）所示。当最大灰度差值小于阈值 T 时，则认为该区域像素灰度值相近，其相似性满足一致性标准，不再进行分割，如果最大灰度差值不小于阈值 T，则该区域像素灰度值相差较大，其相似性不满足一致性标准，需要对其进行分割[175,184]。

$$\max_{(i,j)\in R}(f(i,j)) - \min_{(i,j)\in R}(f(i,j)) < T \tag{3.3}$$

其中，R 为图像区域，$f(i,j)$ 为像素的灰度值。

(2) 用平均灰度度量图像区域像素的相似性，即区域中像素灰度值与均值的差小于设定阈值 T，如式（3.5）所示。假设图像区域 R，大小为 $n\times n$，像素数为 n^2，则该图像区域的像素灰度均值为

$$m = \frac{1}{n^2}\sum_{(i,j)\in R} f(i,j) \tag{3.4}$$

其中，$f(i,j)$ 为像素的灰度值，$1\leqslant i,j\leqslant n$。则该图像区域的相似测度为

$$\max_{(i,j)\in R}|f(i,j) - m| < T \tag{3.5}$$

当像素灰度与平均灰度的最大差值绝对值小于阈值 T 时，则认为该区域像素灰度值相近，其相似性满足一致性标准，不再进行分割，如果像素灰度与平均灰度的最大差值的绝对值不小于阈值 T，则该区域像素灰度值相差较大，其相似性不满足一致性标准，需要对其进行分割。

(3) 用像素灰度方差来度量图像区域像素的相似性，即区域中像素灰度值的方差小于某阈值 T，如式（3.6）所示。假设图像区域 R，大小为 $n\times n$，像素数为 n^2，结合式（3.4）可得该图像区域的像素相似测度为

$$\frac{1}{n^2 - 1}\sum_{(i,j)\in R}(f(i,j) - m)^2 < T \tag{3.6}$$

其中，$f(i,j)$ 为像素的灰度值，$1 \leq i, j \leq n$。

（4）用像素灰度值分布来度量图像区域间像素的相似性[175]，即利用两个相邻图像区域的像素灰度在不同假设条件下的联合概率密度比值小于设定阈值 T，如式（3.10）所示。假设图像中的区域有恒定灰度值，被均值为 0 的高斯噪声污染，则其灰度值服从正态分布。假设相邻区域 R_1 和 R_2，大小分别为 $n_1 \times n_1$ 和 $n_2 \times n_2$，则其包含的像素数分别为 n_1^2 和 n_2^2，每个像素的灰度值为 g_i。相邻区域 R_1 和 R_2 的关系有两种可能：

H_0：R_1 和 R_2 同属一个场景物体，其像素灰度值均服从单一的高斯分布 $N(\mu_0, \sigma_0^2)$，则 R_1 和 R_2 中的像素灰度值联合概率密度函数为

$$P(g_1, g_2, \cdots, g_{n_1^2+n_2^2} \mid H_0) = \frac{1}{(\sqrt{2\pi}\sigma_0)^{n_1^2+n_2^2}} e^{-\frac{(n_1^2+n_2^2)}{2}} \quad (3.7)$$

H_1：R_1 和 R_2 属于不同场景物体，其像素灰度值分别服从不同的高斯分布 $N(\mu_1, \sigma_1^2)$ 和 $N(\mu_2, \sigma_2^2)$，则 R_1 和 R_2 中的像素灰度值联合概率密度函数为

$$P(g_1, g_2, \cdots, g_{n_1^2}, g_{n_1^2+1}, g_{n_1^2+2}, \cdots, g_{n_1^2+n_2^2} \mid H_1) = \frac{1}{\sigma_1^{n_1^2}\sigma_2^{n_2^2}(\sqrt{2\pi})^{n_1^2+n_2^2}} e^{-\frac{(n_1^2+n_2^2)}{2}}$$

(3.8)

将两种假设下的概率密度之比作为似然比：

$$L = \frac{P(g_1, g_2, \cdots, g_{n_1^2+n_2^2} \mid H_0)}{P(g_1, g_2, \cdots, g_{n_1^2}, g_{n_1^2+1}, g_{n_1^2+2}, \cdots, g_{n_1^2+n_2^2} \mid H_1)}$$
$$= \frac{\sigma_0^{n_1^2+n_2^2}}{\sigma_1^{n_1^2} \cdot \sigma_2^{n_2^2}} \quad (3.9)$$

则图像区域 R_1 和 R_2 的像素相似测度如式（3.10）所示：

$$\frac{\sigma_0^{n_1^2+n_2^2}}{\sigma_1^{n_1^2} \cdot \sigma_2^{n_2^2}} < T \quad (3.10)$$

当似然比 $L < T$ 时，图像区域 R_1 和 R_2 满足一致性标准，可以进行

合并。

以上四种为常用的一致性标准,前三种都是基于像素灰度值的,相对较为简单,容易实现,第四种是基于像素灰度分布的,计算较为复杂,但分割结果较为准确。另外,在实际应用中,可根据任务的需要设计其他的区域一致性标准[185],如区域的纹理特征和区域灰度的分布函数之差。

3.2.3 四叉树分解基本原理

四叉树是一种重要的树形数据结构,其根节点只有一个,且每个中间节点都有4个子节点,而每个叶子节点都没有子节点。四叉树可以被用来实现区域分割与合并算法,通过递归剖分将二维空间划分为四个象限或区域,实现二维空间的正方形或矩形区域[186]划分。四叉树分解是一种图像分析方法,通过递归剖分将原始图像划分为若干图像子块,这些子块中的像素一致性要大于图像自身的一致性。四叉树分解要求图像的长度和宽度大小为2的整数次幂。

传统的四叉树分解将原始图像划分为四个大小相同的图像子块,对每个图像子块的像素一致性进行评判,当图像子块内的像素一致性满足一致性标准时,该子块不再进行分割,否则,继续对该子块进行分割,并对细分得到的子块继续进行像素一致性评判。这个迭代重复的过程一直到每个子块内的像素一致性都满足一致性标准才停止。最后,原始图像被分解为大小不同的图像子块。另外,由于划分区域边缘配准误差或外部噪声干扰,上述操作完成后,可能存在大量的小区域,影响了四叉树分解的效果,可根据一致性标准对邻近区域进行合并,消除配准和噪声的影响。四叉树分解过程如图3.3所示。其中,根结点I_0代表原始图像,分解层为0层;初始划分I_k($k=1,\cdots,4$)分解层为1层;初始划分中的第一个图像块I_1和第三个图像子块I_3由于不满足区域一致性标准,被进一步划分为更小的图像子块,即图像子

块 I_{1k} 和 I_{3k}，分解层为 2。如果图像子块 I_{1k} 和 I_{3k} 不能满足区域一致性标准，它们将会被继续划分。如果图像子块 I_{1k} 和 I_{3k} 满足区域一致性标准，则停止划分，此时的树结构为图像四叉树分解的最终结构。

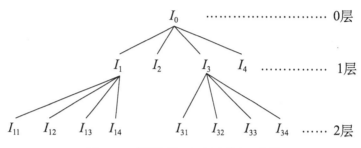

图 3.3　图像的四叉树分解过程

"Lena"图像的四叉树分解结果如图 3.4 所示。其中，图 3.4（a）为"Lena"原始图像。由图 3.4（b）可看出，"Lena"的帽子边缘以及帽子上的装饰纹理都被提取出来，这说明四叉树分解可以有效捕捉图像目标的边缘和纹理细节信息。四叉树结构在低分辨率上进行图像处理，根据处理的结果决定是否在高分辨率上进行进一步的处理[174]，这种图像处理方式速度快，自适应性强，可节省计算时间。另外，四叉树分解可根据区域一致性标准和图像内容，自适应确定图像分解块的大小，对于克服传统多聚焦图像融合方法产生的"块效应"问题，具有重要的参考价值。

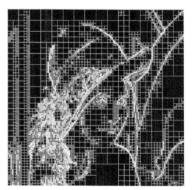

(a)　"Lena"原始图像　　(b)　"Lena"四叉树分解图

图 3.4　"Lena"图像的四叉树分解

3.2.4 基于 RPCA 的四叉树分解模型

在第 2 章的分析中，多聚焦图像的 RPCA 分解后，其稀疏矩阵的显著特征与源图像场景中聚焦区域的物体特征相对应。2011 年，Candes E J 等[127]对监控视频进行背景建模，对视频帧进行 RPCA 分解，得到的主成分矩阵为视频帧的背景，而稀疏矩阵为场景中的物体，利用稀疏矩阵间的差异来研究目标的移动变化，取得了良好效果。Candes E J 等的 RPCA 分解模型如图 3.5 所示。其中，图 3.5（a）为原始视频帧序列，图 3.5（b）为 RPCA 分解后的主成分矩阵序列，图 3.5（c）为 RPCA 分解后的稀疏矩阵序列。由图 3.5（c）可以很容易观察到视频场景中目标的移动和变化。

(a) 原始视频帖序列　(b) 视频帖主成分序列　(c) 视频帖稀疏成分序列

图 3.5　Candes 的视频 RPCA 分解模型

3.2.3 节提到四叉树通过区域一致性标准，采用由粗到细，逐步求精的策略，对图像场景中的物体区域进行分割与合并，最终提取出场景中的物体区域。Candes E J 等的 RPCA 分解模型和四叉树分解都侧重于图像场景中的物体区域，这和多聚焦图像融合方法所关注的重点相同。因此，本节拟在图像 RPCA 分解的基础上结合四叉树分解在图像区域划分方面的优势，利用多聚焦图像稀疏矩阵的区域一致性对多聚焦图像进行四叉树分解，提高对多聚焦图像区域划分的有效性和准确性。

对稀疏矩阵进行四叉树分解，首先要设定区域一致性标准，在稀疏矩阵上，区域元素相似测度如式（3.11）所示。当最大矩阵元素差值小于阈值 T 时，则认为该区域矩阵元素值相近，其相似性满足一致性标准，不再进行分割，如果最大矩阵元素差值不小于阈值 T，则该区域矩阵元素值相差较大，其相似性不满足一致性标准，需要对其进行分割。

$$\left| \max(E^R_{(i,j)}) - \min(E^R_{(i,j)}) \right| < T \qquad (3.11)$$

其中，$E^R_{(i,j)}$ 表示稀疏矩阵区域 R 中 (i, j) 位置的元素值。

本节将 RPCA 的低维和噪声鲁棒特性同四叉树的分解速度快、自适应性强的特性相结合。在 RPCA 分解域内，构建基于 RPCA 的四叉树图像分解模型，如图 3.6 所示。

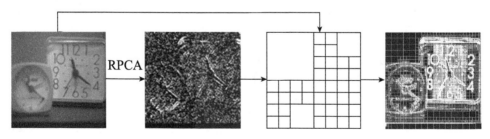

图 3.6　基于 RPCA 的四叉树分解模型

基于 RPCA 的四叉树图像分解模型主要包括以下几个步骤：

（1）对源图像进行 RPCA 分解，得到源图像的稀疏矩阵，稀疏矩阵与源图像大小相同。

（2）根据区域一致性标准，对源图像的稀疏矩阵进行四叉树分解。当矩阵元素满足区域一致性标准时，则不再对该区域进行四叉树分解，当不满足区域一致性标准时，对该区域进行四叉树分解，直到所有区域矩阵元素均满足区域一致性标准为止。

（3）根据稀疏矩阵的四叉树分解结果，对源图像进行相应区域划分，得到源图像的四叉树分解结果。

由图3.6可以看出，源图像的稀疏矩阵同源图像内容相互对应，特别是稀疏矩阵的显著区域同源图像场景中的聚焦目标区域是相对应的。在分解过程中，在对稀疏矩阵进行四叉树分解时，稀疏矩阵中的显著区域很容易被划分到相同区域，与其相对应的源图像场景中的聚焦目标区域也就很容易被提取出来，抑制了背景对场景目标提取的影响，增强了前景聚焦目标的提取效果。这对于多聚焦图像中的聚焦区域的提取以及"块效应"的抑制具有重要意义，为进一步改善和提高融合图像质量奠定了基础。

3.3 基于 RPCA 与四叉树分解的多聚焦图像融合

本节将 RPCA 的噪声鲁棒性同四叉树分解自适应确定分块大小的特性相结合，提出一种基于 RPCA 与四叉树分解的多聚焦图像融合算法。在源图像的 RPCA 分解域内，将源图像稀疏矩阵的区域特征作为四叉树分解的一致性标准，自适应确定稀疏矩阵的分块大小，并通过对比矩阵子块的显著特征对多聚焦图像的聚焦区域特性进行判定，实现对聚焦区域的准确判别和定位，改善图像融合效果。

3.3.1 算法原理

本节提出了基于 RPCA 与四叉树分解的多聚焦图像融合算法如图

3.7 所示。图 3.7 中，D_A 和 D_B 分别为源图像 I_A 和 I_B 向量转化后的数据矩阵，E_A 和 E_B 分别为数据矩阵 D_A 和 D_B 经 RPCA 分解后得到的稀疏矩阵，E_0 为稀疏矩阵 E_A 和 E_B 求平均后得到的临时矩阵，EOG_A 和 EOG_B 分别为稀疏矩阵 E_A 和 E_B 四叉树分解后各矩阵子块的梯度能量度。

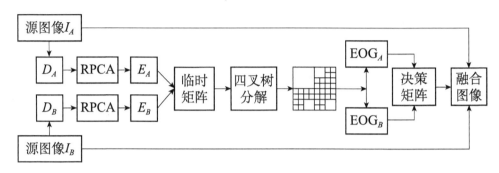

图 3.7 基于 RPCA 与四叉树分解的多聚焦图像融合算法

依照图 3.7 对源图像进行 RPCA 分解，将源图像对应的稀疏矩阵最大元素差值作为稀疏矩阵四叉树分解的一致性标准，对稀疏矩阵进行四叉树分解，通过对比分解后各矩阵子块显著特征，并对源图像中相应块区域的聚焦特性进行判定，构建融合决策矩阵。通过融合规则将多聚焦图像的聚焦区域合并，得到融合图像。

具体步骤如下：

（1）对经过配准的源图像 I_A 和 I_B 进行向量转换，得到相应的数据矩阵 D_A 和 D_B，如下所示：

$$D = \text{Vec}(I) \tag{3.12}$$

其中，$I \in R^{m \times n}$，$D \in R^{mn \times 1}$。

（2）根据式（2.1）对数据矩阵 D_A 和 D_B 进行 RPCA 分解，并进行向量转换，分别得到源图像的对应稀疏矩阵 E_A 和 E_B，E_A，E_B 与源图像 I_A，I_B 大小相同。

（3）对稀疏矩阵 E_A 和 E_B 进行平均求和操作，构建临时稀疏矩阵，用临时稀疏矩阵元素最大差值构建区域一致性标准，对临时稀疏矩阵进行四叉树分解。当临时稀疏矩阵的区域元素最大差值满足区域一致性标准时，不进行四叉树分解，否则，进行四叉树分解，直到所有区域满足临时稀疏矩阵的区域一致性标准。由于尺寸太小的区域对于矩阵显著特征区域的划分影响不大，划分操作也消耗一定计算时间，所以，本章在四叉树分解时设置了最小区域一致性标准，当矩阵分解区域大小达到最小区域标准时，不论该区域的是否满足区域一致性标准，都不再对其进行四叉树分解。

（4）根据临时稀疏矩阵的四叉树分解结果，对稀疏矩阵 E_A 和 E_B 进行相同的区域划分，并用 $E_A^{(k)}$ 和 $E_B^{(k)}$ 分别表示稀疏矩阵 E_A 和 E_B 中的第 k 个稀疏矩阵子块。用 $\mathrm{EOG}_{(k)}^{E_A}$ 和 $\mathrm{EOG}_{(k)}^{E_B}$ 分别表示稀疏矩阵子块 $E_A^{(k)}$，$E_B^{(k)}$ 的梯度能量。$\mathrm{EOG}_{(k)}^{E_A}$ 和 $\mathrm{EOG}_{(k)}^{E_B}$ 分别构成了稀疏矩阵 E_A，E_B 的特征矩阵 F_A 和 F_B。各矩阵子块的梯度能量计算如下：

$$\mathrm{EOG} = \sum_i \sum_j (E_i^2 + E_j^2) \tag{3.13}$$

$$\begin{cases} E_i = E(i+1,j) - E(i,j) \\ E_j = E(i,j+1) - E(i,j) \end{cases} \tag{3.14}$$

其中，$E(i, j)$ 代表代表稀疏矩阵子块中 (i, j) 位置元素的值。

（5）由于稀疏矩阵的显著特征区域同源图像中的聚焦区域相对应，因此，利用稀疏矩阵的显著特征来对源图像场景中聚焦区域特性进行判定。由特征矩阵 F_A 和 F_B 的元素构建决策矩阵，以决策矩阵为基础，将与决策矩阵元素相对应的源图像场景中聚焦区域子块进行合并，得到最后的融合图像。

3.3.2 融合规则

在图像融合过程中，融合算法和融合规则是决定融合图像质量的关键，而融合规则直接影响着图像融合算法的速度。因此，融合规则的设定显得尤为重要。通过融合规则对源图像场景中聚焦区域特性的判别以及判别后聚焦区域的选取将直接影响多聚焦图像的融合效果。

在多聚焦图像的 RPCA 分解域内，源图像稀疏矩阵的显著特征区域对应源图像场景中的聚焦区域。因此，客观评价稀疏矩阵显著特征区域的特征将直接影响源图像场景中聚焦区域的选取，本章用 EOG 对源图像稀疏矩阵的显著特征进行描述。稀疏矩阵的局部区域特征相似性通过区域一致性标准来进行描述，四叉树分解利用区域一致性标准将稀疏矩阵元素相似区域合并，不相似区域进一步划分，由此确定各区域的最佳尺寸大小，得到源图像稀疏矩阵中对应物体的最佳区域描述。经过四叉树分解，稀疏矩阵被划分为大小不同的区域，稀疏矩阵的各区域中，具有较大梯度能量的区域表示该区域元素值相似程度高，显著特征明显，其所对应的源图像区域聚焦特性明显，该区域物体部分应在聚焦范围内。而梯度能量小的稀疏矩阵区域表示该区域内矩阵元素显著特征相似程度低，其所对应的源图像区域聚焦特性较弱，该区域物体部分应在聚焦范围之外。所以，在聚焦区域选择时，应采用"取大"原则，即选取梯度能量较大的稀疏矩阵子块所对应的源图像区域进行合并，得到融合图像。

本章根据 RPCA 分解域内稀疏矩阵区域和源图像聚焦区域之间的相关性，基于以上融合规则，实现源图像场景中聚焦区域的选取。

用 $\text{EOG}_k^{E_A}$ 和 $\text{EOG}_k^{E_B}$ 分别表示稀疏矩阵 E_A 和 E_B 第 k 个矩阵子块的梯度能量，根据式（3.15），比较 $\text{EOG}_k^{E_A}$ 和 $\text{EOG}_k^{E_B}$ 的大小来构建决策矩阵 H。

$$H(i,j) = \begin{cases} 1, & \text{EOG}_k^{E_A} \geqslant \text{EOG}_k^{E_B} \\ 0, & \text{其他} \end{cases} \quad (3.15)$$

其中，H 同源图像大小相同。当源图像 I_A 中与稀疏矩阵所对应的第 k 个图像子块中的像素 (i,j) 位于聚焦区域时，用"1"表示；当源图像 I_B 中与稀疏矩阵所对应的第 k 个图像子块中的像素 (i,j) 位于聚焦区域时，用"0"表示。

值得注意的是，在决策矩阵中，区域间仍存在着毛刺、截断、狭窄的粘连和小洞。而仅仅依靠 EOG 作为稀疏矩阵局部区域的显著特征评价标准，并不能保证完全提取出源图像中所有的聚焦区域。因此，本节对决策矩阵采用第 2 章中用到的形态学膨胀腐蚀操作[111]来改善对聚焦区域特性判定效果。在本章中，结构元素和去除小洞的阈值大小同第 2 章。在形态学处理后的决策矩阵 H 基础上，根据式（3.16）将源图像 I_A，I_B 中聚焦区域的像素 (i,j) 进行合并得到最后的融合图像 F。

$$F(i,j) = \begin{cases} I_A(i,j), & H(i,j) = 1 \\ I_B(i,j), & H(i,j) = 0 \end{cases} \quad (3.16)$$

3.4 实验结果与分析

为评估本章算法的性能，本节采用第 2 章中已经配准的多聚焦图像[32,33]"Disk"，"Lab"，"Rose"和"Book"作为测试图像。

为了对比分析所提融合算法相对于传统方法的优越性，针对融合图像的"块效应"问题，除了本章所提融合算法和第 2 章所用到的对比算法外，又增加了基于 NSCT 的融合方法和基于 PCA 的融合方法分别对这 4 组测试图像进行了融合实验。本章采用由 Eduardo Fernandez Canga 开发的工具箱[161]仿真基于 PCA 的融合方法，用 NSCT 工具箱[187]仿真基于 NSCT 的融合方法。另外，所有算法的实验环境设置和融合图像评价标准同第 2 章。

3.4.1 实验参数设置

为更加客观进行性能对比，实验参数参照相关文献中的最佳性能参数进行设置。具体实验参数设置包括：NSCT 金字塔滤波器为"9-7"，方向滤波器为"7-9"，方向数分别为 4，4，3；本章所用到的

DWT，SF 和 RPCA 方法实验参数设置同第 2 章；为防止四叉树分解对稀疏矩阵的过度分割，本章提出算法中最小块大小为 8×8，四叉树分解的区域一致性标准阈值设置为 $\sigma=0.005$。

3.4.2 实验结果

为方便比较本章算法与传统融合算法的融合性能，本节分别列出了 4 组多聚焦图像在不同融合方法下获得的融合图像以及"Disk"和"Lab"的融合图像与源图像间的差异图像，并用表格列出了不同融合方法在融合以上多聚焦图像时的性能。图 3.8（a）~（f），图 3.9（a）~（f），图 3.10（a）~（f）和图 3.11（a）~（f）中分别列出了不同融合方法对多聚焦图像"Disk"，"Lab"，"Rose"和"Book"的融合结果。图 3.12（a）~（f）和图 3.13（a）~（f）分别列出了不同融合方法对多聚焦图像"Disk"和"Lab"的融合图像与源图像间的差异图像。

(a) 基于DWT的融合图像 (b) 基于NSCT的融合图像 (c) 基于SF的融合图像

(d) 基于PCA的融合图像 (e) 基于RPCA的融合图像 (f) 本章算法的融合图像

图 3.8　不同融合方法获得的多聚焦图像"Disk"的融合图像

3.4 实验结果与分析

(a) 基于DWT的融合图像　(b) 基于NSCT的融合图像　(c) 基于SF的融合图像

(d) 基于PCA的融合图像　(e) 基于RPCA的融合图像　(f) 本章算法的融合图像

图 3.9　不同融合方法获得的多聚焦图像"Lab"的融合图像

(a) 基于DWT的融合图像　(b) 基于NSCT的融合图像　(c) 基于SF的融合图像

(d) 基于PCA的融合图像　(e) 基于RPCA的融合图像　(f) 本章算法的融合图像

图 3.10　不同融合方法获得的多聚焦图像"Rose"的融合图像

(a) 基于DWT的融合图像　(b) 基于NSCT的融合图像　(c) 基于SF的融合图像

(d) 基于PCA的融合图像　(e) 基于RPCA的融合图像　(f) 本章算法的融合图像

图 3.11　不同融合方法获得的多聚焦图像"Book"的融合图像

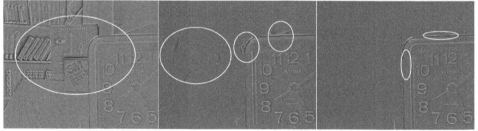

(a) 基于DWT的差异图像　(b) 基于NSCT的差异图像　(c) 基于SF的差异图像

(d) 基于PCA的差异图像　(e) 基于RPCA的差异图像　(f) 本章算法的差异图像

图 3.12　不同融合方法对多聚焦图像"Disk"的
融合图像与源图像间的差异图像

3.4 实验结果与分析

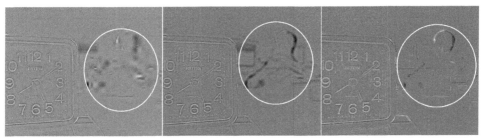

(a) 基于DWT的差异图像　(b) 基于NSCT的差异图像　(c) 基于SF的差异图像

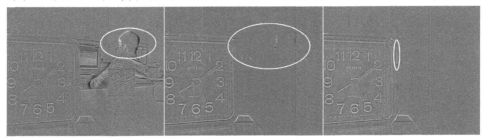

(d) 基于PCA的差异图像　(e) 基于RPCA的差异图像　(f) 本章算法的差异图像

图 3.13　不同融合方法对多聚焦图像"Lab"的融合图像与源图像间的差异图像

表 3.1 和表 3.2 分别列出了不同融合方法在融合以上 4 组多聚焦图像时的性能。在表 3.1 和表 3.2 中，从左到右各融合算法性能指标列依次为：互信息 MI 和边缘保持度 $Q^{AB/F}$。另外，表 3.1 和表 3.2 还列出了各算法的运行时间（以秒为单位）。

表 3.1　不同算法在融合多聚焦图像"Disk"和"Lab"时的性能比较

算法	Disk			Lab		
	MI	$Q^{AB/F}$	运行时间/s	MI	$Q^{AB/F}$	运行时间/s
DWT	5.36	0.64	0.64	6.47	0.69	0.59
NSCT	5.88	0.67	463.20	6.95	0.71	468.51
SF	7.00	0.68	1.01	7.94	0.72	1.03
PCA	6.02	0.53	0.11	7.12	0.59	0.08
RPCA	8.12	0.72	60.38	8.50	0.75	60.80
本章算法	**8.29**	**0.76**	9.46	**8.68**	**0.78**	9.57

表 3.2　不同算法在融合多聚焦图像"Rose"和"Book"时的性能比较

算法	Rose			Book		
	MI	$Q^{AB/F}$	运行时间/s	MI	$Q^{AB/F}$	运行时间/s
DWT	4.78	0.67	0.45	6.82	0.69	0.52
NSCT	5.19	0.70	294.16	7.33	0.72	459.06
SF	6.78	0.72	0.66	8.41	0.70	1.04
PCA	5.45	0.71	0.07	7.73	0.63	0.02
RPCA	7.95	0.71	39.28	9.27	0.73	63.08
本章算法	**8.14**	**0.74**	6.31	**9.40**	**0.75**	9.5471

3.4.3　实验结果主观评价

由融合图像 3.8～图 3.11 可以看出，基于 PCA 方法的融合图像对比度最差，基于 SF 方法的融合图像对比度优于基于 PCA 方法的融合图像对比度。这是由于基于 PCA 方法只是对源图像像素简单的加权处理，对源图像细节信息的捕捉能力比较差。基于 NSCT 方法的融合图像对比度优于基于 DWT 方法的融合图像对比度。基于 DWT，NSCT 方法的融合图像出现了模糊。例如，图 3.8（a）～（b）中的书架上白色图书书脊的边缘区域，图 3.9（a）～（b）中的学生头部右侧边缘区域，图 3.10（a）～（b）中的左侧玫瑰花的上部边缘区域，以及图 3.11（a）～（b）中的左侧图书上部边缘区域都出现了不同程度模糊。基于 SF 方法的融合图像出现了"块效应"。例如，图 3.8（c）中的书架上白色图书书脊的边缘区域和右侧钟表的上部边缘区域以及图 3.9（c）中的学生头部右侧边缘区域出都现部分黑色斑块，图 3.10（c）中的左侧门框中间部分的边缘区域和图 3.11（c）中的左侧图书封皮部分以及上部边缘区域都出现了不同程度块状模糊。基于 RPCA 方法的融合图像中也出现部分模糊。例如，图 3.8（e）中的右边钟表的左侧边缘部分有明显的"块效应"，图 3.9（e）中的学生头部上侧边缘部分区域有细长的突起，图 3.10（e）中的左侧门框靠下部分的边缘区域和图 3.11（e）中的左侧图书封皮部分都出现了不同程度的块状模糊。本章算法所得融合图像中，图 3.8（f）中右钟表的上侧边缘部分有少许模糊，其他都能清晰地显示源图像场景中的目标细节信息。另外，从视觉效果来看，其对比度好于其他融合方法所得融合图像的对比度。

由图 3.12（a）~（b）和图 3.13（a）~（b）可以看出，基于 DWT 和基于 NSCT 方法的差异图像出现部分扭曲。基于 SF 方法的差异图像有明显的块状残留。例如，图 3.12（c）中书架白色图书区域和图 3.13（c）中的学生头部边缘区域都有明显的块状残留。由于基于 PCA 的融合方法对源图像细节信息的捕捉能力较差，图 3.12（d）中的书架、图书、磁盘和钟表的整个轮廓以及图 3.13（d）中学生背影轮廓都有清晰的残留。此外，Wan T 等[155]提出的基于 RPCA 方法的差异图像，如图 3.12（e）中左侧部分有和右侧钟表的边缘都有残留，图 3.13（e）中右部区域也有少量残留。本章算法的差异图像，如图 3.12（f）中左侧光滑平整，右侧钟表中上部轮廓边缘部分有少许残留，图 3.13（f）中左侧钟表中右侧轮廓边缘部分有少许残留，其右侧光滑平整。通过对比各算法的融合图像和差异图像的视觉效果，本章算法对源图像中聚焦区域的提取能力优于其他融合算法。

3.4.4 实验结果客观评价

为更加客观准确地对比各融合方法的性能，表 3.1 和表 3.2 中列出了不同融合方法在融合多聚焦图像"Disk"，"Lab"，"Rose"和"Book"时的互信息 MI 和边缘保持度 $Q^{AB/F}$。

从表 3.1 和表 3.2 中的互信息 MI 的值可看出，基于 DWT 的融合方法所得融合图像的 MI 值最小。由于本章算法对源图像聚焦区域直接进行合并，融合图像中包含了源图像中的原始信息，其所得融合图像的 MI 值大于所有其他融合方法所得融合图像的 MI 值。

从表 3.1 和表 3.2 中各融合方法所得融合图像的边缘保持度 $Q^{AB/F}$ 的值可看出，基于 PCA 的融合方法所得融合图像的边缘保持度最小。本章方法所得融合边缘保持度明显大于其他融合方法所得融合图像的边缘保持度，从源图像中转移边缘和纹理细节信息的能力要优于其他融合方法。此外，本章算法和基于 RPCA 方法的融合图像边缘保持度 $Q^{AB/F}$ 值非常接近。由于本章所提出的融合方法是在源图像的 RPCA 分解域内进行的，根据源图像稀疏矩阵元素的区域相似性自适应确定源图像的分块大小，容易捕捉源图像中聚焦区域物体的细节信息特征。因此，本章算法所得融合图像在转移源图像细节信息方面优于其他融合方法。

从表 3.1 和表 3.2 中各融合方法的运行时间来看，基于 PCA 的融合方法融合速度最快，其运行时间最短。本章算法的运行时间比基于 NSCT 和基于 RPCA 的融合方法运行时间短。由于复杂的多尺度分解和重建过程，基于 NSCT 的融合方法耗费时间最长，其运行时间大约是基于 RPCA 的融合方法运行时间的 8 倍，是本章算法运行时间的 45 倍。由于基于 RPCA 的融合方法需要耗费大量时间计算各像素邻域的标准差，而本章算法运用四叉树分解来对源图像进行块划分，一定程度上加快了图像融合的速度。因此，基于 RPCA 的融合方法运行时间比本章算法运行时间长。另外，由于本章算法的 RPCA 分解过程中需要对主成分矩阵 SVD 分解，其运行时间比基于 SF 的融合方法、基于 PCA 的融合方法和基于 DWT 的融合方法的运行时间都长。从融合方法的运行时间性能来看，本章所提出融合方法运行时间较长，但随着硬件技术的发展以及优化算法的使用，运行时间的问题应该可以被解决。

3.5　本 章 小 结

针对空域融合方法的"块效应"问题以及噪声对融合算法的影

响，提出了基于 RPCA 与四叉树分解的多聚焦图像融合算法。算法结合 RPCA 和四叉树分解所具有的优良特性，对多聚焦图像进行 RPCA 分解，根据源图像稀疏矩阵元素的区域一致性对稀疏矩阵进行四叉树分解。由于稀疏矩阵显著区域特征同源图像聚焦区域物体特征相对应，算法根据稀疏矩阵各子块的梯度能量 EOG 检测源图像的聚焦区域特性，并构建决策矩阵实现多聚焦图像融合。算法利用稀疏矩阵区域一致性自适应确定区域分块大小，可有效抑制"块效应"。结果表明该算法可有效保留源图像的边缘和纹理信息，性能优于传统融合方法，验证了算法的可行性和有效性。

第4章 基于图像分解的多聚焦图像多成分融合算法

4.1 引　　言

传统的多聚焦图像融合方法中，空间域融合方法从源图像中采用区域对应的方式选择构建融合图像的子块，如果聚焦区域内外的像素被划分到同一子块，容易产生"块效应"，从而导致融合图像质量下降[19]。针对空间域融合方法的不足，研究者们提出了变换域的融合方法，将多聚焦源图像投影到相应的变换基上，用变换基来表示源图像的边缘和聚焦特性。源图像经过某种变换后，变换系数同变换基一一对应，这种对应关系对于检测图像的显著信息具有重要意义。通过变换系数表示的源图像信息来选择变换系数，并对选择的变换系数进行逆变换构建融合图像。多聚焦图像融合算法的关键是如何有效和完整的描述源图像。传统基于多尺度分解的多聚焦融合方法中，总是将整幅多聚焦源图像作为单个整体进行处理，影响了融合图像对源图像潜在信息描述的完整性，进而影响融合图像质量[112,193]。另外，传统的多聚焦图像融合算法大多是在无噪假设条件和源图像无破损条件下设计的。但是，在多聚焦图像成像、接收和处理过程中，由于受到电磁波、成像系统自身抖动或调焦处理等问题的干扰，噪声污染或划痕破损使得多聚焦图像部分区域变得模糊，图像质量下降，影响了图像分析的有效性。

4.1 引言

目前,在图像分析的许多问题中,常用一幅图像 f 描述一个真实场景。由于图像 f 可能包含纹理或噪声,纹理是由小尺度上细节多次重复振荡形成的,而噪声是由零均值噪声随机振荡形成的。为从图像 f 中提取有利于图像分析的信息,许多模型试图寻找另外一幅图像 u 来逼近图像 f,图像 u 称为图像 f 的卡通图或简化图。图像 f 和图像 u 的关系可用如下模型[194]描述:

$$f = u + v \tag{4.1}$$

其中,u 为图像 f 的卡通成分,v 为图像 f 的纹理或噪声成分。图像分解可将图像分解为卡通成分和纹理成分,卡通成分用于描述源图像中光照或显著区域的分片光滑部分,纹理成分用于描述被纹理封闭区域的纹理信息,通过卡通纹理成分分解实现对源图像内容更加完整的描述。

常用的卡通纹理分解算法主要包括两大类[195]:一类是基于范数的方法[196-200],这类方法定义卡通成分和纹理成分所对应的函数空间的范数,通过求解最优化问题来实现对卡通成分和纹理成分的分离;另一类是基于稀疏表示的方法[193,201],这类方法利用稀疏编码思想,分别建立卡通成分字典和纹理成分字典,将源图像分解到这两个字典上,从而实现对卡通成分和纹理成分的分离。

在基于范数的图像分解方法中,Mumford-Shah(MS)模型最早是由 Mumford D 等[202]在 1985 年提出的图像分解应用模型,用于图像分割取得了不错的效果。但该模型是非凸的,求解复杂,计算量很大[203]。Rudin L 等[204]在 1992 年利用 BV 半范作为正则项,对 MS 模型进行简化,提出了基于 TV 极小化能量泛函恢复模型 ROF 模型,可以保持边界的不连续性,但会导致图像出现阶梯分块的现象。2001年,Meyer Y 在 ROF 模型的基础上,建立了纹理图像振荡函数理论[205]。2002 年,Vese L A 等[194]将 Meyer Y 的振荡函数建模理论和 ROF 模型相结合,并通过 G 范数和 H^{-1} 的 L^p 逼近,提出了 VO 模型,但在数值实现时，运算速度较慢。为克服 VO 模型的不足，提高计算效率，2003 年，Osher S 等[206]对 VO 模型进行了拓展，提出了基于 TV 极小化和 H^{-1} 范数的 Osher-Sole-Vese 图像分解模型，简称 OSV 模型。但该模型收敛较慢，程序复杂。Aujol J F 等[207]将对偶范数引入图像分解模型，取得了不错的分解效果。Chana T F 等[208]在 OSV 模型的基础上，提出了 CEP-H^{-1} 图像分解模型。然而，这些方法依然比较复杂，影响了推广应用。2008 年，Goldstein T 等[209]将 Wang Y L 等[210]提出的 Split 算法和 Osher S 等[211]提出的 Bregman 算法相结合，提出了 Split Bregman 算法。该算法时间复杂度低，容易实施且准确高效，已被广泛应用于图像分割和图像恢复等领域。

为进一步改善融合图像视觉效果，提高融合图像对源图像潜在信息描述的完整性，本章提出了一种基于图像分解的多聚焦图像多成分融合算法。通过对多聚焦源图像分别进行图像分解，得到多聚焦源图像的卡通成分和纹理成分，并对多聚焦源图像的卡通成分和纹理成分分别进行融合，合并融合后的卡通成分和纹理成分得到融合图像。本章的融合规则是基于图像的卡通成分和纹理成分的聚焦特性设计的，不直接依赖于源图像的聚焦特性，从而对噪声和划痕破损具有鲁棒性。对不同的多聚焦图像仿真实验表明，本章提出的算法相比于传统融合算法能更好地从源图像转移边缘纹理等细节信息，得到更高质量的融合图像。

4.2 图像分解基本模型

图像分解模型通过对纹理尺度的控制，将图像分解为卡通成分和纹理成分，分别对卡通成分和纹理成分进行处理，有利于噪声的抑制和图像几何特征的提取，为后续的图像处理奠定了良好的基础。由于图像分解技术能够较好的提取图像的结构和纹理等重要细节信息，已被广泛应用于图像分割[212]、图像去噪[213]和图像修复[214]等领域。图像卡通纹理分解是图像分析领域的一个研究热点,它将图像分解为形态学卡通成分 u 和纹理成分 v。分别对应源图像的结构信息和源图像的纹理信息或振荡信息。为更好提取图像中的卡通和纹理成分,研究者们提出了很多图像分解模型。

4.2.1 ROF 模型

ROF 模型是针对 Mumford D 等[202]的 Mumford-Shah 模型提出的,Mumford-Shah 模型又简称为 MS 模型。MS 模型一个基于能量最小化的图像分解模型,利用有界变差函数分解黑白静态图像,如式(4.2)所示:

$$E_{\mathrm{MS}}(u,C) = \iint_{R \setminus C} (\parallel \nabla u \parallel^{2} + \lambda(u-f)\mathrm{d}x\mathrm{d}y + \mu \mathrm{Len}(C) \quad (4.2)$$

其中,u 为输入图像 f 的卡通成分,C 为卡通成分 u 中区域 R 的轮廓,λ 和 μ 为两个正的权值参数。通过最小化式(4.2)来寻找获取卡通成分 u。式中第二项描述了轮廓 C 的长度,用以消除过长的边界,使得边界更加光滑。MS 模型利用图像中目标对象边缘曲线的特点,用分片光滑函数表示强度变化较小的同质区域,而用短的光滑曲线并集表示强度剧烈变化的区域边界[205]。MS 模型包括了通知连通区域以及对象边缘的能量。MS 模型正是通过在 (u,C) 允许的空间上把 $E_{\mathrm{MS}}(u,C)$ 最小化使源图像分割成同质的连通区域,得到源图像 f 的卡通成分 u。MS 模型已被广泛用于图像去噪和边缘检测。但 MS 模型是建立在 C^1 类函数空间上的,有很大局限性[203],另外,该模型计算复杂,其实际应用很难实现。

1992 年,Rudin L 等[204]利用 BV 半范作为正则项,对 MS 模型进行简化,并提出了基于 TV 极小化能量泛函恢复模型 Rudin-Osher-Fatemi 模型,简称 ROF 模型,即通常所说的经典 TV 模型,如式(4.3)所示。

$$E_{\text{ROF}}(u) = \iint_R (\|\nabla u\|) \mathrm{d}x\mathrm{d}y + \lambda \iint_R (u-f)^2 \mathrm{d}x\mathrm{d}y \quad (4.3)$$

其中，u 为输入图像 f 的卡通成分，R 表示图像所在的空间，$\lambda > 0$。式（4.3）中第一项为全变差项，用于去除噪声的同时保持图像边界；第二项为数据项。第一项表示卡通成分 u 在 R 中的总变分。ROF 模型用有界变分 BV 表示卡通成分 u 所属的函数空间，如式（4.4）所示：

$$\text{BV}(R) = \left\{ u \in L^1(R) : \iint_R \|\nabla u\| \mathrm{d}x\mathrm{d}y < \infty \right\} \quad (4.4)$$

该空间在保留分段光滑的同质区域和边界的同时，对噪声和纹理加以惩罚。另外，BV 的功能函数曲线长度都是有限的，可以描述 BV 函数空间中的不同图像的基本形状，对这些形状直接进行二值化或形态学处理即可获得图像的边缘信息。ROF 模型在对图像光滑区域进行扩散的同时能很好地保持图像的边缘信息，能够较好的保持边界的不连续性。因此，在图像处理领域得到广泛研究和应用。

MS 模型和 ROF 模型都是通过最小化相应的能量泛函来对图像进行准确分解的，由于 ROF 模型中的泛函为严格的凸函数，该模型存在唯一的最小值，比 MS 模型更容易求解，但 ROF 模型分解得到的卡通成分会出现阶梯分块现象。另外，ROF 模型利用 BV 半范作为正则项，该范式具有恢复图像边缘的能力，但对于纹理没有明确的定义，无法有效的将卡通成分和纹理成分相分离。ROF 模型中的调节参数 λ 直接影响着分解的效果，λ 越大，卡通成分图像越模糊，λ 越小，纹理成分图像越模糊。然而，Meyer Y[205]通过实验发现，当 λ 足够小时，ROF 模型可能会移除部分纹理细节信息，造成图像信息丢失。为克服 ROF 在保持图像对比度和纹理信息方面的不足，Meyer Y 在 ROF 的基础上引入了空间函数，用其他更适合保持图像纹理特征的范数来替代 ROF 模型中的 L^2 范数，取得了不错的分解效果。

4.2.2 VO 模型

2001 年，Meyer Y 在 ROF 模型的基础上提出了 TV 最小化的振荡函数建模理论。Meyer Y 的理论认为一幅图像由两部分组成，即 $f = u + v$。u 代表图像中具有分段光滑特点的结构信息，又称卡通成分；v 代表图像中具有震动（Oscillating）特征的纹理信息，又称纹理成分。为了对图像中的纹理部分进行描述，Meyer Y 对 ROF 中的逼近项范数进行了修改，用 G 范数代替了 ROF 模型中的 L^2 范数，由于具有高振荡特征的函数的 G 范数并不大，通过能量泛函极小值的方法可以很好的描述图像中的振荡部分，尤其是纹理部分。

2002 年，Vese L A 等[194]将 ROF 模型和 Meyer Y 的理论模型相结合，用基于偏微分方程（Partial Differential Equations，PDE）的迭代数值算法来估计原始图像的卡通成分 u 和纹理成分 v，并用振荡函数模型[205]，如式（4.5）所示，来刻画原始图像的纹理成分。

$$v = \mathrm{div}(\vec{g}) = \partial_x g_1 + \partial_y g_2 \tag{4.5}$$

其中，向量 $\vec{g}$ 用来捕获图像水平和垂直方向上的变差。纹理成分 v 可能表现出比较大的振荡。该模型分别通过 G 范数和 H^{-1} 的 L^P 逼近，用卡通成分 u 和纹理成分 v 构建 Meyer Y 的理论模型的逼近模型，即图像的三成分（$f = u + v + w$）分解模型，简称 VO 模型，如式（4.6）所示：

$$\begin{aligned}&E_{\mathrm{VO}}(u,\vec{g})\\&= \iint_R (\parallel \nabla u \parallel \mathrm{d}x\mathrm{d}y + \lambda \iint_R | f - (u + \mathrm{div}(\vec{g})) |^2 \mathrm{d}x\mathrm{d}y + \mu \parallel \vec{g} \parallel_{L^P}\end{aligned} \tag{4.6}$$

其中，$\lambda > 0$，$\mu > 0$，$w = f - u - v$ 为原始图像所含有的噪声，$p \to \infty$。

VO 模型能够较好的从原始图像中提取出纹理和结构信息，为后期的图像处理奠定了良好基础。但由于采用了迭代数值算法，VO 模型在数值实现时运行比较耗时。

4.2.3 OSV 模型

为克服 VO 模型的不足，提高计算效率，2003 年，Osher S 等[206]

在 $H^1(R)$ 空间上对纹理和噪声部分 v 进行描述，提出了基于 TV 极小化和 H^{-1} 范数的 Osher-Sole-Vese 图像分解模型，简称 OSV 模型，如式（4.7）所示：

$$E_{\text{OSV}}(u) = \int_R |\nabla u| \, \mathrm{d}x\mathrm{d}y + \lambda \int_R |\nabla(\Delta^{-1}(f-u))^2| \, \mathrm{d}x\mathrm{d}y \quad (4.7)$$

该模型求解得到的欧拉方程为

$$\begin{cases} u = f - \lambda \Delta \cdot \left(\dfrac{\nabla u}{|\nabla u|}\right), & \text{在图像区域 } R \text{ 内} \\ \dfrac{\partial u}{\partial \vec{n}} = 0, \dfrac{\partial\left(\nabla \cdot \left(\dfrac{\nabla u}{|\nabla u|}\right)\right)}{\partial \vec{n}} = 0, & \text{在图像区域 } R \text{ 边界上} \end{cases} \quad (4.8)$$

该方程为四阶方程，计算复杂，收敛较慢，程序复杂。

4.3 Split Bregman 算法

2008 年，Goldstein T 等[209]将 Split 算法[210]和 Bregman 迭代算法[211]相结合，提出了基于 ROF 模型的 Split Bregman 算法。该算法易于实现，准确高效，在图像分割和图像恢复等领域已被广泛应用。

4.3.1 Bregman 迭代算法

2005 年 Osher S 等使用 Bregman 距离来求解凸泛函的极值，Bregman 距离最早源自 Bregman 在泛函方面的工作。在给出 Bregman 距离之前，首先给出次微分的定义，其具体定义如式（4.9）所示：

$$\partial E(u) = \{p \in \chi * | E(v) \geq E(u) + \langle p, u-v \rangle, \forall v \in \chi\} \quad (4.9)$$

其中，$\chi \to R$，E 为任意凸泛函，$\partial E(u)$ 表示 u 处的次微分，$\langle \cdot, \cdot \rangle$ 表示求 p 和 $u-v$ 内积。

Bregman 距离的具体定义如式（4.10）所示：

4.3 Split Bregman 算法

$$D_E^p(u,v) = E(u) - E(v) - \langle p, u-v \rangle, \quad p \in \partial J(v) \quad (4.10)$$

其中，$p(v) = E(v)$，$\partial E(v)$ 表示凸泛函 E 在点 v 处的次微分，$\langle \cdot, \cdot \rangle$ 为求内积。

由式 (4.9) 可知，Bregman 距离为非负，对于连续的可微泛函，在任一点存在唯一的次微分。此时对泛函上的任意两点 u 和点 v，其 Bregman 距离为它们的一阶 Taylor 展开估计式取值的差，其 Bregman 距离是唯一的。值得注意的是，Bregman 距离具有不对称性，即 $D(u,v) \neq D(v,u)$，同时也不满足三角不等式，并不等同于通常度量下的距离。

Osher S 等[211]最早提出基于 Bregman 迭代的图像复原方法，该方法根据设计的迭代格式生成一个解的序列，并利用前一步迭代的解的信息来修正后一步的迭代格式。已知求极值问题，如式 (4.11) 所示：

$$\begin{aligned} &\min_u E(u) \\ &\text{s.t. } H(u) = 0 \end{aligned} \quad (4.11)$$

其中，$E(\cdot)$ 和 $H(\cdot)$ 为两个凸的能量泛函，通过二次惩罚项可将式 (4.11) 转化为无约束问题，如式 (4.12) 所示：

$$\min_u \left\{ E(u) + \lambda \| H(u) \|^2 \right\} \quad (4.12)$$

其中，λ 为惩罚因子，当 λ 较小时，惩罚函数并不能使得等式约束获得较好满足。当 $\lambda \to \infty$ 时，传统的惩罚函数在大的 λ 值计算上有困难，故采用 Bregman 来逐步进行逼近：

$$\begin{aligned} u^{k+1} &= \min_u \left\{ D_E^p(u, u^k) + \lambda \| H(u) \|^2 \right\} \\ &= \min_u \left\{ E(u) - \langle p^k, u - u^k \rangle + \lambda \| H(u) \|^2 \right\} \end{aligned}$$

$$(4.13)$$

假设 H 是可微的，存在最优点 u^{k+1} 满足 $0 \in \partial(D_E^p(u, u^k) + \lambda H(u))$，$\partial$ 表示次微分。结合式 (4.13) 可得

$$0 = \nabla(E(u) - \langle p^k, u - u^k \rangle + \lambda \| H(u) \|^2) |_{u = u^{k+1}}$$

$$= p^{k+1} - p^k + 2\lambda(\nabla^T H)H(u^{k+1})$$
$$\Rightarrow p^{k+1} = p^k - 2\lambda(\nabla^T H)H(u^{k+1}) \qquad (4.14)$$

交替使用式（4.13）和式（4.14）即得 Bregman 迭代，可表示为

$$\begin{cases} u^{k+1} = \min_{u}\left\{ E(u) + \lambda \parallel H(u) - f^k \parallel^2 \right\} \\ f^{k+1} = f^k - H(u^{k+1}) \end{cases} \qquad (4.15)$$

Bregman 迭代使约束项固定不变，让目标函数变动。Bregman 迭代算法的主要优点是在相当弱的条件下仍然可以保证迭代的收敛性，对 L^1 正则化项的优化问题，处理速度非常快；通过固定惩罚参数 λ，并对其取合适的固定值，可以大幅提高子优化问题的收敛速度。同时，也避免了传统方法中 λ 趋于无穷大时造成的数值不稳定[215]。

4.3.2　Split Bregman 算法

图像处理中的 ROF 模型去噪、去模糊以及基追踪问题又称为 L_1 规则化问题，如式（4.16）所示：

$$\operatorname*{argmin}_{u} \mid \phi(u) \mid + \parallel Ku - f \parallel^2 \qquad (4.16)$$

其中，$\phi(u)$ 和 $\parallel Ku - f \parallel^2$ 为凸泛函，$\phi(\cdot)$ 可微，f 为原始图像，u 为图像处理后得到的图像成分。在式（4.11）中引入一个新的变量 d，令 $d = \phi(u)$，通过分裂方法将式（4.16）中的 L_1 规则化问题转化为等价的约束问题，如式（4.17）所示：

$$\operatorname*{argmin}_{u,d} \parallel d \parallel + H(u)$$
$$\text{s. t. } d = \phi(u) \qquad (4.17)$$

在式（4.17）中引入一个 L_2 惩罚项，将式（4.17）中的约束问题转化为无约束问题，如式（4.18）所示：

$$\operatorname*{argmin}_{u,d} \parallel d \parallel + H(u) + \frac{\lambda}{2} \parallel d - \phi(u) \parallel^2 \qquad (4.18)$$

其中，λ 为正的权值参数。令 $E(u,d) = \parallel d \parallel + H(u)$，则式（4.18）可转化为式（4.19），可以用 Bregman 迭代求解。

4.3 Split Bregman 算法

$$\underset{u,d}{\mathrm{argmin}}\, E(u,d) + \frac{\lambda}{2}\|d - \phi(u)\|^2 \tag{4.19}$$

定义式（4.19）的 Bregman 距离，如式（4.20）所示：

$$D_E^p(u,d,u^k,d^k) = E(u,d) - \langle p_u^k, u - u^k\rangle + \langle p_d^k, d - d^k\rangle \tag{4.20}$$

其中，p_u 和 p_d 为 $E(u,d)$ 次梯度。

对式（4.20）的 Bregrman 迭代求解如下：

$$\begin{aligned}(u^{k+1},d^{k+1}) &= \underset{u,d}{\mathrm{argmin}}\, D_E^p(u,d,u^k,d^k) + \frac{\lambda}{2}\|d - \phi(u)\|^2 \\ &= \underset{u,d}{\mathrm{argmin}} E(u,d) - \langle p_u^k, u - u^k\rangle + \langle p_d^k, d - d^k\rangle + \frac{\lambda}{2}\|d - \phi(u)\|^2\end{aligned} \tag{4.21}$$

$$p_u^{k+1} = p_u^k - \frac{1}{\lambda}(\nabla \phi(u^{k+1}))^{\mathrm{T}}(\phi(u^{k+1}) - d^{k+1}) \tag{4.22}$$

$$p_d^{k+1} = p_d^k - \frac{1}{\lambda}(d^{k+1} - \phi(u^{k+1})) \tag{4.23}$$

式（4.21），式（4.22）和（4.23）可等价为简化的式（4.24）：

$$\begin{cases}(u^{k+1},d^{k+1}) = \underset{u,d}{\mathrm{argmin}}\,\|d\| + H(u) + \frac{\lambda}{2}\|d - \phi(u) - b^k\|^2 \\ b^{k+1} = b^k + \phi(u^{k+1}) - d^{k+1}\end{cases} \tag{4.24}$$

Split Bregman 算法通过引入其他变量 d，用分裂方法将单个变量 u 的泛函求极值问题分解为两个变量 u 和 d 的泛函求极值问题。利用交替优化方法，分别先后固定变量 u 和 d，并求解与固定变量相对应的能量泛函，具体包括以下三个步骤[211]：

第一步：根据 $H(u)$ 的不同特性选择不同的求解算法，用较少的迭代次数取得好的结果，如式（4.25）所示：

$$u^{k+1} = \underset{u,d}{\mathrm{argmin}} H(u) + \frac{\lambda}{2}\|d^k - \phi(u) - b^k\|^2 \tag{4.25}$$

第二步：通过求导可得最优解，如式（4.26）所示：

$$d^{k+1} = \underset{u,d}{\operatorname{argmin}} \| d \| + \frac{\lambda}{2} \| d - \phi(u) - b^k \|^2 \qquad (4.26)$$

第三步：直接进行计算。

Split Bregman 算法的不动点都是原问题的最优解[216]，Split Bregman 算法的起始条件参数设置为：$u^0 = f$，$d_1^0 = d_2^0 = b_1^0 = b_2^0$，迭代限制条件为

$$\max\ (\ |\ u^{k+1} - u^k\ |\ ) > \varepsilon$$

Split Bregman 算法是一种解决 L_1 规则化问题的方法[217]，该算法用交替迭代的方法将复杂的单变量求极值问题转化为两个变量的求极值问题。该方法不需要规则化和线性不等式条件的限制，且准确高效，在图像去噪、图像分割和图像恢复等方面应用广泛。

本章将基于 ROF 模型的 Split Bregman 算法用于多聚焦图像的分解，将多聚焦源图像分解为卡通成分和纹理成分，如图 4.1 所示。通过源图像的纹理成分的细节特征来提高聚焦区域特性判定的准确性，进而提高融合图像质量。

(a) 多聚焦源图像　(b) 源图像卡通成分　(c) 源图像纹理成分

图 4.1　Split Bregman 对多聚焦图像 "Clock" 的分解结果

4.4 基于图像分解的多聚焦图像多成分融合

本节在图像卡通纹理分解域内提出一种基于图像分解的多聚焦图像多成分融合算法，利用 Split Bregman 算法将多聚焦源图像分解为卡通成分和纹理成分。根据图像卡通成分和纹理成分各像素的梯度特征，分别对卡通成分和纹理成分的聚焦区域特性进行判定，实现对聚焦区域的准确定位。根据相应的融合规则将卡通成分和纹理成分分别进行融合，将融合后的卡通成分和纹理成分合并得到融合图像。从而保证了融合图像细节信息的完整性，提高了融合图像质量。

4.4.1 算法原理

基于图像分解的多聚焦图像多成分融合算法，如图 4.2 所示。其中，U_A 和 U_B 分别为源图像 I_A 和 I_B 图像分解后的卡通成分，V_A 和 V_B 分别为源图像 I_A 和 I_B 图像分解后的纹理成分，U 为融合后的卡通成分，V 为融合后的纹理成分。

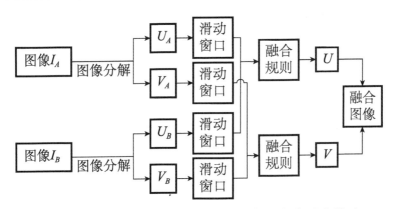

图 4.2 基于图像分解的多聚焦图像多成分融合算法

融合算法对源图像进行图像分解，将源图像分解为卡通成分和纹理成分，分别将卡通成分和纹理成分融合，并将融合后的卡通成分和纹理成分合并得到融合图像。

融合算法步骤如下：

（1）利用 Split Bregman 算法对经过配准的源图像 I_A 和 I_B（I_A，$I_B \in R^{m \times n}$）进行图像分解，分别得到源图像的卡通成分 U_A，U_B（U_A，$U_B \in R^{m \times n}$）和纹理成分 V_A，V_B（V_A，$V_B \in R^{m \times n}$），如式（4.27）所示：

$$\begin{cases} I_A = U_A + V_A \\ I_B = U_B + V_B \end{cases} \quad (4.27)$$

（2）根据融合规则，对卡通成分 U_A，U_B 进行融合，得到融合的卡通成分 U。对纹理成分 V_A，V_B 进行融合，得到融合的纹理成分 V。

（3）将得到的融合图像的卡通成分 U 和纹理成分 V 进行合并得到最后的融合图像 F。

4.4.2 融合规则

在本章图像融合过程中，融合规则包含两个关键因素：一个是如何对源图像的卡通成分和纹理成分的聚焦特性进行判定；另一个是如何将卡通成分和纹理成分中的聚焦像素或区域进行提取并合并到融合的卡通和纹理成分中。融合规则性能的好坏将直接影响融合图像的质量。

图 4.3 列出了源图像"Clock"、源图像的卡通成分和纹理成分以及其对应的 3D 图的对应关系。可以看出，源图像的卡通成分和纹理成分的 3D 图中显著突起部分与卡通成分与纹理成分中的显著区域是相对应的，同时卡通成分与纹理成分中的显著区域与源图像中的聚焦区域相对应。因此，本章利用卡通成分和纹理成分的梯度特征来检测其对应的聚焦特性。

为了更加准确的检测卡通成分和纹理成分各像素的聚焦特性，除了考虑该像素本身灰度外，还需要考虑该像素周围邻域内像素状态，这样有利于对卡通成分和纹理成分中复杂的边缘和纹理细节进行检测。本节通过滑动窗口计算卡通成分和纹理成分中每个像素邻域内的 EOG 来判断该像素是否属于聚焦区域，滑动邻域窗口如图 4.4 所示。

4.4 基于图像分解的多聚焦图像多成分融合

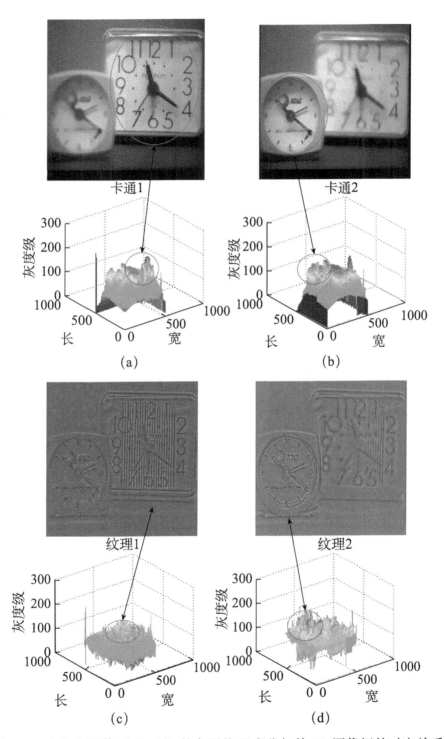

图 4.3 多聚焦图像"Clock"的卡通纹理成分与其 3D 图像间的对应关系

通常用一个形状远小于图像尺寸的像素区域来表示邻域，一般为 3×3 或 5×5 的正方形或近似的圆或椭圆形状的多边形，如图 4.4 中的黑色方框所示。图中黑点代表当前处理像素，位于邻域的中心，又称为中心像素，像素的边缘实际上为一个像素集。当中心像素从图像矩阵中一个元素移动到另外一个元素时，其邻域窗口（黑色方框）也随之移动。窗口内像素的梯度特征随着中心像素的移动而变化，从而可以灵活的检测卡通成分和纹理成分中的像素聚焦特性。

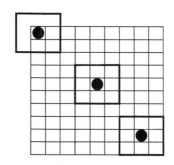

图 4.4　滑动邻域窗口的移动

假设滑动窗口大小设置为 $M \times N$，$M = 2K+1$，$N = 2L+1$，K 和 L 均为正整数，则 EOG 的计算如式（4.28）所示：

$$\begin{cases} \text{EOG}(i,j) = \sum_{m=-(M-1)/2}^{(M-1)/2} \sum_{n=-(N-1)/2}^{(N-1)/2} (I_{i+m}^2 + I_{j+n}^2) \\ I_{i+m} = I(i+m+1,j) - I(i+m,j) \\ I_{j+n} = I(i,j+n+1) - I(i,j+n) \end{cases} \quad (4.28)$$

其中，$I(i,j)$ 表示卡通和纹理成分中 (i,j) 位置像素的值，窗口大小为 7×7。

令 $\text{EOG}_{(i,j)}^{U_A}$ 和 $\text{EOG}_{(i,j)}^{U_B}$ 分别表示卡通成分 U_A 和 U_B 中 (i,j) 位置像素邻域窗口区域的 EOG。令 $\text{EOG}_{(i,j)}^{V_A}$ 和 $\text{EOG}_{(i,j)}^{V_B}$ 分别表示纹理成分 V_A 和 V_B 中 (i,j) 位置像素邻域窗口区域的 EOG。本章通过比较卡通成分和纹理成分中各像素邻域窗口区域的 EOG 大小来确定各像素是否属于聚焦区域，并用两个决策矩阵 H^U 和 H^V 来记录各像素邻域窗口区域的 EOG 大小比较结果。具体的选择比较规则如式（4.29）和式（4.30）所示。

$$H^U(i,j) = \begin{cases} 1, & \text{EOG}_{(i,j)}^{U_A} \geqslant \text{EOG}_{(i,j)}^{U_B} \\ 0, & \text{其他} \end{cases} \quad (4.29)$$

$$H^V(i,j) = \begin{cases} 1, & \text{EOG}_{(i,j)}^{V_A} \geqslant \text{EOG}_{(i,j)}^{V_B} \\ 0, & \text{其他} \end{cases} \quad (4.30)$$

其中，H^U 和 H^V 同源图像大小相同。当卡通成分 U_A 中的 (i,j) 位置像素属于聚焦区域时，$H^U(i,j)$ 的值为 1；当卡通成分 U_B 中的 (i,j) 位置像素属于聚焦区域时，$H^U(i,j)$ 的值为 0。同样，当纹理成分 V_A 中的 (i,j) 位置像素属于聚焦区域时，$H^V(i,j)$ 的值为 1；当纹理成分 V_B 中的 (i,j) 位置像素属于聚焦区域时，$H^V(i,j)$ 的值为 0。

但是在决策矩阵 H^U 和 H^V 所对应的二值图像中，各区域间存在着细小的突起、截断、狭窄的粘连和孔洞。而仅仅依靠 EOG 作为稀疏矩阵局部区域的显著特征评价标准，并不能保证完全提取出所有的源图像聚焦区域。因此，本节采用第 2 章的形态学分析处理方法。利用结构元素 Z 对决策矩阵 H^U 和 H^V 进行形态学的腐蚀膨胀操作[111]来改善对聚焦区域像素的判定效果。腐蚀操作 $H^U \circ Z$ 和 $H^V \circ Z$ 可去除决策矩阵中间区域的毛刺和狭窄的粘连，膨胀操作 $H^U \bullet Z$ 和 $H^V \bullet Z$ 可去除截断和小洞。为准确去除小洞，对于去除洞的大小，设定了专门的阈值，对小于阈值的洞进行膨胀操作。在本章中，结构元素和去除小洞的阈值大小同第 2 章。在形态学处理后的决策矩阵 H 基础上，根据式（4.31）和式（4.32）将卡通成分 U_A，U_B 和纹理成分 V_A，V_B 中聚焦区域的像素 (i,j) 进行合并得到最后的融合卡通成分 U 和融合纹理成分 V。

$$U(i,j) = \begin{cases} U_A(i,j), & H^U(i,j) = 1 \\ U_B(i,j), & H^U(i,j) = 0 \end{cases} \quad (4.31)$$

$$V(i,j) = \begin{cases} V_A(i,j), & H^V(i,j) = 1 \\ V_B(i,j), & H^V(i,j) = 0 \end{cases} \quad (4.32)$$

4.5　实验结果与分析

为验证本章所提出融合算法和融合规则的可行性与有效性,本节仍然采用第 2 章中已经配准的 4 组多聚焦图像[32,33]作为测试图像。为了对比分析所提融合算法相对于传统方法的优越性,针对源图像细节信息提取不完整的问题,除了所提融合算法和第 3 章所用的一些传统图像融合方法外,本章又增加了基于 LAP 的融合方法对这 4 组测试图像分别进行了融合实验。本章采用由 Eduardo Fernandez Canga 开发的工具箱[161]来仿真基于 LAP 的融合方法,用 Split Bregman 工具箱[218]来仿真本章所提出算法。所有算法的实验环境设置和融合图像评价标准同第 2 章。

4.5.1　实验参数设置

为同其他融合方法进行客观对比,其他融合方法的具体参数设置包括:LAP 的分解层数为 4 层;本章所用到 DWT 和 SF 方法的实验参数设置同第 2 章;NSCT 和 PCA 方法的实验参数设置同第 3 章。

4.5.2　实验结果

为客观比较本章提出算法与传统融合算法融合性能,本节分别列出了多聚焦图像"Disk","Lab","Rose"和"Book"在不同融合方法下获得的融合图像以及"Lab"和"Rose"的融合图像与源图像间的差异图像,并用表格列出了不同融合方法在融合以上多聚焦图像时的性能。图 4.5(a)~(f)中分别列出了不同融合方法对多聚焦图像"Disk"的融合结果,图 4.6(a)~(f)分别列出了不同融合方法对多聚焦图像"Lab"的融合结果,图 4.7(a)~(f)分别列出了不同融合方法对多聚焦图像"Rose"的融合结果,图 4.8(a)~(f)分别列出了不同融合方法对多聚焦图像"Book"的融合结果,图 4.9(a)~(f)

和图 4.10（a）~（f）分别列出了不同融合方法对多聚焦源图像"Lab"和"Rose"的融合图像与源图像间的差异图像。

(a) 基于LAP的融合图像　(b) 基于DWT的融合图像　(c) 基于NSCT的融合图像

(d) 基于PCA的融合图像　(e) 基于SF的融合图像　(f) 本章算法的融合图像

图 4.5　不同融合方法获得的多聚焦图像"Disk"的融合图像

(a) 基于LAP的融合图像　(b) 基于DWT的融合图像　(c) 基于NSCT的融合图像

(d) 基于PCA的融合图像　(e) 基于SF的融合图像　(f) 本章算法的融合图像

图 4.6　不同融合方法获得的多聚焦源图像"Lab"的融合图像

(a) 基于LAP的融合图像　(b) 基于DWT的融合图像　(c) 基于NSCT的融合图像

(d) 基于PCA的融合图像　(e) 基于SF的融合图像　(f) 本章算法的融合图像

图 4.7　不同融合方法获得的多聚焦图像"Rose"融合图像

(a) 基于LAP的融合图像　(b) 基于DWT的融合图像　(c) 基于NSCT的融合图像

(d) 基于PCA的融合图像　(e) 基于SF的融合图像　(f) 本章算法的融合图像

图 4.8　不同融合方法获得的多聚焦图像"Book"的融合图像

4.5 实验结果与分析

(a) 基于LAP的差异图像　(b) 基于DWT的差异图像　(c) 基于NSCT的差异图像

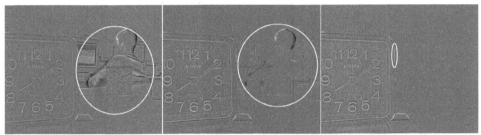

(d) 基于PCA的差异图像　　(e) 基于SF的差异图像　　(f) 本章算法的差异图像

图4.9　不同融合方法对多聚焦图像"Lab"的
融合图像与源图像间的差异图像

(a) 基于LAP的差异图像　(b) 基于DWT的差异图像　(c) 基于NSCT的差异图像

(d) 基于PCA的差异图像　　(e) 基于SF的差异图像　　(f) 本章算法的差异图像

图4.10　不同融合方法对多聚焦图像"Rose"的融合图像与
源图像间的差异图像

表 4.1 和表 4.2 分别列出了不同融合方法在融合多聚焦图像"Disk","Lab","Rose"和"Book"时的性能指标值。

表 4.1　不同算法在融合多聚焦图像"Disk"和"Lab"时的性能比较

算法	Disk			Lab		
	MI	$Q^{AB/F}$	运行时间/s	MI	$Q^{AB/F}$	运行时间/s
LAP	6.14	0.69	0.91	7.10	0.71	0.91
DWT	5.36	0.64	0.64	6.47	0.69	0.59
NSCT	5.88	0.67	463.19	6.95	0.71	468.51
PCA	6.02	0.53	0.32	7.12	0.59	0.08
SF	7.00	0.68	1.01	7.94	0.72	1.03
本章算法	**7.25**	**0.72**	21.08	**8.20**	**0.75**	17.09

表 4.2　不同算法在融合多聚焦图像"Rose"和"Book"时的性能比较

算法	Rose			Book		
	MI	$Q^{AB/F}$	运行时间/s	MI	$Q^{AB/F}$	运行时间/s
LAP	5.51	0.69	0.71	7.28	0.71	0.88
DWT	4.78	0.67	0.45	6.82	0.69	0.52
NSCT	5.19	0.70	294.16	7.33	0.72	459.06
PCA	5.45	0.71	0.07	7.73	0.63	0.02
SF	6.78	0.72	0.66	8.41	0.70	1.04
本章算法	**7.20**	**0.73**	15.4	**8.60**	**0.73**	20.91

4.5.3　实验结果主观评价

由融合图像 4.5～图 4.8 可以看出,基于 LAP,DWT 和 NSCT 方法的融合图像出现不同程度的模糊。例如,图 4.5(a)～(c) 中的书架白色图书书脊的边缘部分,图 4.6(a)～(c) 中右边学生头部的上侧和右侧边缘部分,图 4.7(a)～(c) 中的玫瑰花上部区域以及图 4.8(a)～(c) 中左边图书的上侧边缘部分都出现不同程度的模糊。基于 PCA 的融合方法所得融合图像的对比度最差。例如,图 4.5(d) 中的左边书架部分区域,图 4.6(d) 中右边学生和显示器区域部分,

图4.7（d）中玫瑰花和墙体区域部分以及图4.8（d）中左侧图书封面的文字部分区域对比度比较差。基于SF的融合方法所得融合图像有明显的块效应。例如，图4.5（e）中书架中白色图书书脊的边缘部分，图4.6（e）中右边学生头部的右侧边缘区域，图4.7（e）中的左侧门框中部区域以及图4.8（e）中左侧图书封面的文字部分均有明显的块效应。本章算法所得融合图像都能清晰的显示多聚焦图像中聚焦区域目标细节，其对比度优于其他方法所得融合图像的对比度。

由图4.9（a）~（c）和图4.10（a）~（f）可以看出，基于LAP，DWT和NSCT的融合方法所得到的融合图像的差异图像出现部分扭曲。例如，图4.9（a）~（c）的中右侧学生和显示器区域部分和图4.10（a）~（c）的中间墙体部分均出现部分扭曲，特别是基于DWT的融合图像差异图扭曲最为严重。基于PCA的融合方法由于其加权操作降低了融合图像对比度，其对应的差异图像如图4.9（d）和图4.10（d）中均可以清晰地看到各物体的浮雕背景。基于SF的融合方法所得融合图像的差异图像有明显块状残留。例如，图4.9（e）的中右侧学生和显示器区域部分和图4.10（e）的中间墙体部分均出现部分块状残留。本章算法的差异图像中，图4.9（f）清晰地显示了左侧钟表中的数字以及钟表的轮廓，其右侧边缘区域部分光滑平整，但图4.9（f）中左侧钟表的右边缘部分有些许残留；图4.10（f）右侧区域部分光滑平整，除玫瑰花的右边缘有少量残留外，其余部分清晰显示了玫瑰花的纹理和边缘细节。

4.5.4 实验结果客观评价

为更加客观准确地评估各融合方法的性能，表4.1和表4.2分别列出了不同融合方法在融合多聚焦图像"Disk"，"Lab"，"Rose"和"Book"时的互信息MI和边缘保持度$Q^{AB/F}$。

从表4.1和表4.2中的互信息MI的值可看出，基于LAP，DWT

和 NSCT 的融合方法所得融合图像的 MI 值明显小于基于 PCA 和 SF 的融合方法所得融合图像的 MI 值。本章算法所得融合图像的 MI 明显高于其他融合方法所得融合图像的 MI 值。

从表 4.1 和表 4.2 中各融合方法所得融合图像的边缘保持度 $Q^{AB/F}$ 的值可看出，基于 PCA 的融合方法所得融合图像由于采用加权操作削弱了融合图像的边缘保持度，其对应的 $Q^{AB/F}$ 值最小。基于 SF 的融合方法所得融合图像的边缘保持度优于基于 LAP，DWT 和 NSCT 的融合方法所得融合图像的 $Q^{AB/F}$ 值。由于本章算法将源图像的卡通成分和纹理成分分别进行融合，有利于提取源图像中的潜在信息和保持源图像中细节信息的完整性，其融合图像质量优于其他融合方法所得融合图像质量。因此，本章算法从源图像中转移聚焦区域目标细节信息的能力要优于其他融合方法。

从表 4.1 和表 4.2 中各融合方法的运行时间来看，基于 PCA 的融合方法融合速度最快，其运行时间最短。基于 NSCT 的融合方法耗费时间最长，其运行时间是本章算法运行时间的 20 倍。本章算法运行时间比基于 NSCT 外的其他融合方法的运行时间都长。一方面，使用 Split Bregman 算法将源图像分解为多个成分，需要消耗一定的运行时间。另一方面，使用滑动窗口分别计算卡通成分和纹理成分中每个像素邻域窗口的 EOG，也需要耗费一定的运行时间。因此，本章算法的运行时间较长，但随着硬件技术的发展以及并行计算方法的使用，该问题可以得到很好的解决。

4.6 本章小结

为了提高融合算法对多聚焦图像潜在信息提取和描述的完整性，鉴于图像分解中 Split Bregman 算法速度快、效率高的优势，尝试将其引入到多聚焦图像融合算法中，提出了基于图像分解的多聚焦图像多成分融合算法。该方法基于 Split Bregman 算法，将多聚焦图像分解为卡通成分和纹理成分，利用滑动窗口分别计算卡通成分和纹理成分中每个像素邻域窗口的梯度能量，根据单个像素邻域窗口梯度能量的大小来判定该像素是否属于聚焦区域，并根据相应的融合规则，将卡通纹理成分中聚焦区域的像素进行合并，分别得到融合的卡通成分和纹理成分。将融合后的卡通成分和纹理成分合并，得到融合图像。一方面，将源图像分解为多个成分分别进行融合，在抑制噪声的同时，有利于捕捉源图像潜在信息，保证了融合图像信息的完整性。另一方面，利用滑动窗口梯度能量对源图像的卡通成分和纹理成分的聚焦特性进行判定，可将像素邻域内的聚焦特性反映在滑动窗口中的梯度能量值上，便于对多种复杂图像聚焦特性的判定，易于捕捉图像边缘和纹理细节特征，有利于提高融合图像质量。通过对多组多聚焦图像进行实验验证，结果表明该方法可有效地保留图像边缘和纹理信息。因此，该融合算法性能优于传统融合方法，是有效的，可行的。

第5章 基于 NMF 与聚焦区域检测的多聚焦图像融合算法

5.1 引　　言

针对多聚焦图像融合算法存在的不同问题，第 2，3，4 章分别在图像 RPCA 分解域和图像卡通纹理分解域内提出了相应的图像融合方案，其根本出发点都是通过提高融合算法在聚焦区域检测上的准确性和完整性来提高融合图像质量。在传统的多聚焦融合算法中，基于多尺度分解的融合方法是最常用的方法之一，由于多尺度分解过程更符合人眼观察事物的视觉系统特性，能够提供人类视觉敏感的对比度强的图像信息。因此，基于多尺度分解的融合方法可以得到高质量的融合图像。但是，该方法主要利用分解系数的奇异性和源图像聚焦区域相对应的基本思想进行聚焦区域检测，根据分解系数的特点制定相应的融合规则，但由于图像内容的复杂性，根据融合规则选择的分解系数和空间像素上缺乏一致性，导致对聚焦区域特性做出错误检测，从而使得融合图像不能很好保存源图像的边缘和纹理，产生融合图像扭曲[219]。另外，在融合过程中，分解和重构操作易造成部分信息丢失。

在传统基于空间域的多聚焦融合方法中，基于像素选择的多聚焦图像融合方法用像素值大小来作为聚焦区域特性判定标准，是不科学的，且对噪声敏感，容易从源图像中错误选择像素，导致融合图像质量下降。而基于区域分割的融合方法根据强度、纹理和空间频率等相似度特征对图像进行分割,将源图像分割为条理分明的区域,由于分割算法是以场景中的物体完整性为基础的,易将整个物体区域选出作为聚焦区域,使得融合图像部分清晰部分模糊,进而影响了融合图像质量。目前,在图像分割方法中,没有一种公认的最好的方法,分割算法复杂且耗时,对算法依赖性大,限制了算法实时进行图像融合的可能性;基于分块的多聚焦图像融合方法用恒定大小的子块来对图像进行分割,图像的块大小不能随聚焦区域大小而自适应调整,从而造成子块误选产生"块效应"或将清晰区域和模糊区域混在一个子块中导致融合图像对比度下降。

由此可以看出,基于多尺度分解的融合方法和基于空间域的融合方法都在多聚焦图像的聚焦区域检测方面存在不足。针对此问题,研究者提出了基于 NMF 的图像融合方法[220,221]。NMF 是一种新的矩阵分解方法,它对所有元素进行非负数限制,由于数字图像处理中像素值通常都为非负数,NMF 对矩阵的纯加性和稀疏性的描述使其对图像的处理结果解释更加方便,能够直接表达一定的物理意义。NMF 已成为生物医学、机器视觉和信号处理等领域非常重要的多维数据处理工具。

2004 年,Zhang J 等[222]首次将 NMF 用于多聚焦图像融合,用 NMF 提取源图像的全局特征,并将提取的特征投影到一个特征子空间上,实现多聚焦图像的融合,所得融合图像在对比度和区域一致性等指标上优于传统的多尺度分解融合方法。但由于对源图像各区域特征同等对待,易造成得到的融合图像部分细节丢失,对比度差,融合图像质量改善有限。2007 年,Xu L 等[223]将源图像进行块划分,对各图像子块进行 NMF 分解,用 NMF 分解系数特征来对源图像中的聚焦区域特性进行检测,从而实现多聚焦图像的融合。该方法可以更好地捕捉源图像的细节特征,但由于采用分块的方法,"块效应"使得融合图像对比度下降,且该方法比较复杂。2008 年,Zhang S 等[224]将加权非负矩阵分解（Weighted Non-Negative Matrix Factorization，WNMF）方法和图像分割方法相结合用于红外和可见光图像融合，给红外光和可见光图像分配不同的权值，使用 WNMF 提取源图像特征，根据这些特征利用图像分割算法将目标区域分割提取并进行合并得到最后的融合图像，对红外光和可见光图像融合取得不错的融合效果，但有许多参数需要设置，算法较为复杂。2009 年，Ye Y 等[225]将局部非负矩阵分解（Local Non-Negative Matrix Factorization，LNMF）方法用于合成孔径雷达（Synthetic Aperture Radar，SAR）图像和可见光图像的融合，通过改进标准 NMF 方法中的目标函数来增强对局部特征提取的限制，取得了不错的融合效果，但对整体特征提取和细节特征的表示能力一般。2012 年，Wang J 等[226]提出了在 NSCT 分解域内使用加速非负矩阵分解（Accelerated Non-Negative Matrix Factorization，ANMF）来进行图像融合，可以保存更多的源图像细节特征，提高了融合图像质量，但不适用于大尺度的图像数据。

综合以上讨论和分析，针对基于 NMF 的融合方法所得融合图像对比度差的问题，本章利用 NMF 的纯加性和稀疏性，提出一种基于 NMF 与聚焦区域检测的多聚焦图像融合算法。将传统 NMF 得到的融合图像作为临时融合图像，利用临时融合图像和源图像之间的差异图像特征来对源图像进行聚焦区域特性检测，并构建融合决策矩阵，根据融合规则得到最后的融合图像。实验结果表明，本章提出的算法相比于传统融合算法能更好地提取源图像细节信息特征，提高了源图像聚焦区域检测的准确性，改善了融合图像质量。

5.2 NMF 模型

在机器视觉和信号处理等领域，如何通过变换使得观测数据的维数得到约减，潜在结构变得清晰对于观测数据的描述至关重要[227]。

常用的变换方法有 PCA、独立成分分析（Independent Component Analysis，ICA）、线性鉴别分析（Principal Component Analysis，LDA）、投影追踪（Projection Pursuit，PP）、因子分析（Factor Analysis，FA）和冗余归约（Redundancy Reduction，RR）等，这些方法允许变换后的结果有负的分解量存在，且对观测数据实现线性维数约减，但负值元素在图像分析和处理当中是没有意义的。1999 年，Lee D D 等[220]提出一种新的变换方法——NMF。NMF 依据心理学和生理学上感知的纯加性，使得所有分解量均为非负值，进而使得对观测数据的描述具有一定的物理意义。同时，这种非负限制对观测数据的描述具有稀疏性，使得 NMF 对图像成像过程中出现的遮挡、光照变换和旋转具有鲁棒性。NMF 已成为机器视觉和信号处理领域一种重要的多维数据处理工具。

5.2.1 NMF 基本原理

NMF 模型是无监督多变量数据分析方法中一种低秩逼近方法，通过构造非负矩阵来对图像数据进行处理，用于重构图像的基矩阵和权值系数矩阵均为非负矩阵[228]。对于非负矩阵 $V^{n \times m}$，NMF 通过寻找非负矩阵因子 $W^{n \times r}$ 和 $H^{r \times m}$ 使得

$$V = WH$$
$$\text{s.t.} (n + m)r < nm \tag{5.1}$$

其中，n，m，r 均为正整数，且 $r < \min(n, m)$，通常 r 须满足 $(n + m)r < nm$；W 为基矩阵，H 为权值系数矩阵；V 中的每一列 v_j 为线性的非负向量，W 中的每一列 w_j 为基向量，H 中的每一列 h_j 为权值系数向量。W 在一定程度上是线性独立和稀疏的，它也反映了被分解图像的结构和特征。v_j 可由 W 和 h_j 进行表示，如式（5.2）所示：

$$v_j \approx W h_j = \sum_i h_{ij} w_i \tag{5.2}$$

其含义为 W 的每个列向量均可由基矩阵 W 的列向量线性组合进行表

示，反映了由部分表示整体的思想。

为更加准确的对图像进行分解，NMF通过迭代使得V和WH之间的重构误差最小，以选择W和H。其本质是通过迭代使得V和WH间的欧氏距离最小，也就是求解如下目标函数，如式（5.3）所示：

$$\min_{W,H} E(W,H) = \|V - WH\|^2 = \sum_{i,j}(V_{i,j} - (WH_{i,j}))^2 \quad (5.3)$$

求解目标函数，更新W和H的过程描述如式（5.4）所示：

$$\begin{cases} W_{ia} \leftarrow W_{ia} \sum_{j} \dfrac{V_{ij}}{(WH)_{ij}} H_{aj} \\ W_{ia} \leftarrow \dfrac{W_{ia}}{\sum_{j} W_{ja}} \\ H_{aj} \leftarrow H_{aj} \sum_{i} W_{ia} \dfrac{V_{ij}}{(WH)_{ij}} \end{cases} \quad (5.4)$$

目标函数的求解步骤如下：

(1) 求解权值系数矩阵H，$W^{\mathrm{T}}WH = W^{\mathrm{T}}V$；

(2) 强制使得权值系数矩阵H中的负值为0；

(3) 求解基矩阵W，$HH^{\mathrm{T}}W^{\mathrm{T}} = HV^{\mathrm{T}}$；

(4) 强制使得基矩阵W中的负值为0。

随着NMF在图像分析和处理领域中应用的深入，研究者根据应用的需要，在NMF的基础上进行了扩展和改进，如LNMF[229]、稀疏非负矩阵（Sparse Non-Negative Matrix Factorization，SNMF）[230]、稀疏限制非负矩阵（Non-Negative Matrix Factorization sparseness constraints，NMFsc）[231]等，这些扩展主要是基于NMF模型的改进、限制条件的改进以及代价函数的改进。随着传感器技术的发展，图像获取变得越来越容易，NMF在图像处理中的独特优势使其在图像分析和处理中的应用更加广泛[232]。

5.2.2 NMF图像融合模型

在每一种NMF方法中，r是用于降维的一个重要变量，r的大小直接决定了数据矩阵降维的程度。r 越大,降维的程度越小;r 越小,降维的程度越大。2001 年,Guiillamet D 等[233]将 NMF 方法用于彩色直方图分类的应用研究,他们发现 NMF 方法使用不同的 r 可以得到不同的基向量。将 NMF 用于多个合成向量时,可以得到合成向量的全局特征。在本章中,3 个高斯函数 $f_1(x)$,$f_2(x)$ 和 $f_3(x)$ 分别用来表示原始向量和合成向量。$f_1(x)$,$f_2(x)$ 和 $f_3(x)$ 定义如式(5.5)所示:

$$\begin{cases} f_1(x) = f_2(x) + f_3(x) \\ f_1(x) = 0.1e^{-(3-x)^2} + 0.08 \\ f_2(x) = 0.04e^{-(3-x)^2} + 0.03 \\ f_3(x) = 0.06e^{-(3-x)^2} + 0.05 \end{cases} \quad (5.5)$$

其中,$f_2(x)$ 和 $f_3(x)$ 对应的合成向量如图 5.1(b)和图 5.1(c)所示。它们由原始向量生成。原始向量与 $f_1(x)$ 相对应,如图 5.1(a)所示。将 NMF 用于合成向量,降维变量 r 设置为 1。利用 NMF 提取的合成向量所对应的基向量如图 5.1(d)所示。很容易看出,图 5.1(d)中的曲线和图 5.1(a)中的曲线几乎一样。因此,可以看出,当降维变量 r 设置为 1 时,NMF 可以有效提取数据集的全局特征。

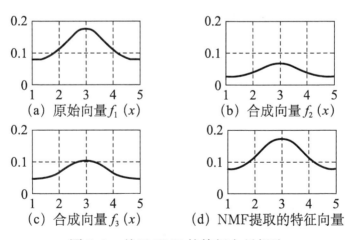

图 5.1 基于 NMF 的特征向量提取

受 Guiillamet D 等的研究启发,2004 年,Zhang J 等[222]提出了 NMF

多聚焦图像融合模型，该模型利用 NMF 构造多聚焦图像的融合图像。该模型将传感器获取的 m 幅多聚焦图像转换为列向量，分别用 v_1，v_2，$\cdots$，v_m 来表示，用这 m 个向量构造观测矩阵 V，如式（5.6）所示：

$$V_{n\times m} = [v_1, v_2, \cdots, v_m] = \begin{bmatrix} v_{11} & \cdots & v_{1m} \\ v_{21} & \cdots & v_{2m} \\ \cdots & \cdots & \cdots \\ v_{n1} & \cdots & v_{nm} \end{bmatrix} \quad (5.6)$$

其中，n 表示幅多聚焦图像所包含的像素数目，通过求解式（5.3）可得到观测矩阵 V 的基矩阵 W，W 的列数代表从观测矩阵提取的特征基数量 r，r 的大小决定了由观测矩阵提取的特征子空间的维数。对于图像融合来说，观测图像可被视作一些基本图像的非负加权表示。NMF 是一种寻找输入数据部分表示的技术。在本章中，将多聚焦图像向量作为观测矩阵，如果 NMF 的参数 r 被设置为 r_0（通常 $r_0 > 1$），观测矩阵是 NMF 从多聚焦源图像中提取的 r 个成分的线性非负组合。同样，如果 NMF 的参数 r 被设置为 $r_0 = 1$ 时，观测矩阵可被视作 NMF 从多聚焦源图像上提取的 1 个成分的线性非负表示，这个成分可被视作输入数据的本质特征或者整体特征。基于 NMF 的多聚焦图像融合的本质就是将相同成像条件下获取的关于某个场景的多幅聚焦图像融合成一幅图像，在 NMF 的特征子空间上的物理意义就是用一个基向量来描述多幅聚焦图像的全部特征[227]，即 $r = 1$，在求得基向量后，将其转成源图像一样大小的图像，即最后的融合图像，两幅"Clock"多聚焦图像的融合效果如图 5.2 所示，其中，图 5.2（a）和图 5.2（b）为源图像，图 5.2（c）为融合图像，图 5.2（d）和图 5.2（e）分别为图 5.2（c）与图 5.2（a），（b）间的差异图像。

由图 5.2（c）可知，NMF 可以对多聚焦图像的显著特征进行提取，并进行融合，所得融合图像对比度不是很强。由图 5.2（d）和图 5.2（e）可知，差异图像中的大小钟表的数字和轮廓都能清晰显示，

(a) Clock左聚焦图像　(b) Clock右聚焦图像　(c) 基于NMF的融合图像

(d) (a)与(c)的差异图像　(e) (b)与(c)的差异图像

图 5.2　基于 NMF 的多聚焦图像融合效果

说明基于 NMF 的融合方法提取聚焦区域物体细节信息的能力较强。但由于 NMF 处理数据矩阵集时要先将被处理矩阵集中的矩阵逐一矢量化，NMF 的处理对象是向量，使对应的学习问题成为典型的小样本问题，导致 NMF 结果的描述力不强、推广性较差[227]，基于 NMF 的融合方法得到的融合图像质量并不好。如果直接用基于 NMF 的融合方法得到的融合图像作为最终的融合图像显然是不合适的。因此，本章将基于 NMF 的融合方法得到的融合图像作为临时融合图像，通过临时融合图像与源图像的相似性来对源图像的聚焦区域特性进行判定，并对聚焦区域进行合并得到最终的融合图像。

5.3　聚焦区域检测

聚焦区域检测是多聚焦图像融合的关键环节，其准确性直接影响着融合图像质量的好坏。基于多尺度分解的方法利用分解系数的奇异性来对源图像中的聚焦区域特性进行判定,但分解系数与空域像素间缺乏一致性,存在一定程度的偏差,得到的融合图像存在边缘信息丢失现象。基于空域的融合方法主要是利用聚焦评价函数来对聚焦区域特性进行判定,通过选取源图像中聚焦区域特性好的图像块或区域来得到融合图像,可以取得较好的融合图像质量,但易导致融合图像出现"块效应"。

5.3.1 聚焦评价函数

聚焦评价函数可以对多聚焦图像聚焦区域的清晰度进行较为准确的评价,随着图像区域清晰度的变化而单调性的变化,对源图像中的同一区域使用聚焦评价函数进行聚焦特性评判时,聚焦区域所得函数值要大于离焦区域所得函数值。

除了前四章里用到的聚焦评价函数 EOG 和 EOL 外,常用的聚焦评价函数还有以下几种:

1. 空间频率(Spatial Frequency,SF)

空间频率[44,234]是图像函数在单位长度上重复变化的次数,反映了一幅图像像素强度在空间域的变化特征,代表图像的总体活跃程度,其值越大,图像越清晰。空间频率的定义如下:

$$SF = \sqrt{(RF)^2 + (CF)^2} \tag{5.7}$$

$$RF = \sqrt{\frac{1}{MN}\sum_{i=0}^{M-1}\sum_{j=1}^{N-1}[F(i,j) - F(i,j-1)]^2} \tag{5.8}$$

$$CF = \sqrt{\frac{1}{MN}\sum_{i=1}^{M-1}\sum_{j=0}^{N-1}[F(i,j) - F(i-1,j)]^2} \tag{5.9}$$

其中,RF 为行频率,CF 为列频率。

2. 拉普拉斯绝对分量和(Sum of Modified Laplacian,SML)

图像的拉普拉斯绝对分量和[63]主要用来反映图像灰度及纹理变化

程度,其值越大表示对应区域图像灰度及纹理变化越强烈,对应区域越清晰。图像的拉普拉斯绝对分量和定义如下:

$$\text{SML} = \sum_{i=x-M}^{i=x+M} \sum_{j=y-N}^{j=y+N} \nabla_{\text{ML}}^2 f(i,j), \quad \nabla_{\text{ML}}^2 f(i,j) \geq T \quad (5.10)$$

$$\nabla_{\text{ML}}^2 f(i,j) = |\ 2f(i,j) - f(i-\text{step},j) - f(i+\text{step},j)\ |$$
$$+|\ 2f(i,j) - f(i,j-\text{step}) - f(i,j+\text{step})\ |$$
(5.11)

其中,M 和 N 为以像素 (i, j) 为中心的窗口大小,T 为设定的阈值,step 为像素间的可变间距。

3. 二阶梯度能量(Tenegrad)

二阶梯度能量[235]用 Sobel 算子来计算行方向和列方向上的梯度值,根据梯度值的大小来对图像聚焦特性进行判定,其值越大,对应区域的聚焦特性越显著,该图像区域越清晰。二阶梯度能量定义如下:

$$\text{Tenegrad} = \sum_{i=2}^{M-1} \sum_{j=2}^{N-1} G(i,j), \quad G(i,j) \geq T \quad (5.12)$$

$$G(i,j) = G_i^2(i,j) + G_j^2(i,j) \quad (5.13)$$

$$G_i(i,j) = \{[f(i+1,j-1) + 2f(i+1,j)] + f(i+1,j+1)$$
$$- [f(i-1,j-1) + 2f(i-1,j) + f(i-1,j+1]\}$$
(5.14)

$$G_j(i,j) = \{[f(i-1,j+1) + 2f(i,j+1)] + f(i+1,j+1)$$
$$+ [f(i-1,j-1) + 2f(i,j-1) + f(i+1,j-1)]\}$$
(5.15)

4. 方差(Variance)

由于源图像中聚焦区域比离焦区域有更强的灰度级差异,图像像素灰度方差[236]可以用来进行聚焦区域特性判定,也是最简单的聚焦评价函数。图像灰度方差定义如下:

$$\text{Variance} = \frac{1}{MN} \sum_{M} (f(i,j) - \bar{f})^2 \quad (5.16)$$

其中，$\bar{f}$ 为图像的灰度均值。

在所有聚焦评价函数中，SML 的性能最好，其次是 EOL。从运行时间来看，EOG 最短，其次是 EOL，SML 的运行时间最长，而且 SML 需要提前进行阈值设置。本章将利用 EOG 来对临时融合图像和源图像间的差异图像进行聚焦特性判定。

5.3.2 基于差异图像特征的聚焦特性评价

根据空间域多聚焦图像融合方法的基本特性，融合算法将源图像中的清晰区域提取并合并得到融合图像，融合图像与源图像中的场景和目标是一致的。同样，在本章中，选用基于 NMF 的融合方法得到临时融合图像和源图像中的场景和目标也是一致的。利用临时融合图像和源图像的一致性，可以对源图像中的聚焦区域进行检测。传统方法利用均方根误差（Root Mean Square Error，RMSE）来衡量临时融合图像和源图像间的相似性，如式（5.17）和式（5.18）所示：

$$\text{RMSE}_A(i,j) = \sqrt{\frac{1}{MN} \sum_{m=-(M-1)/2}^{(M-1)/2} \sum_{n=-(N-1)/2}^{(N-1)/2} (f_0(i+m, j+n) - f_A(i+m, j+n))^2} \quad (5.17)$$

$$\text{RMSE}_B(i,j) = \sqrt{\frac{1}{MN} \sum_{m=-(M-1)/2}^{(M-1)/2} \sum_{n=-(N-1)/2}^{(N-1)/2} (f_0(i+m, j+n) - f_B(i+m, j+n))^2} \quad (5.18)$$

其中，(i, j) 为临时融合图像和源图像同一位置的像素，$M \times N$ 是以 (i, j) 为中心的邻域窗口大小，f_A 和 f_B 为源图像，f_0 为临时融合图像。

通过比较 $\mathrm{RMSE}_A(i,j)$ 和 $\mathrm{RMSE}_B(i,j)$ 的大小来确定源图像中聚焦区域的像素，构建相似特征矩阵，如式（5.19）所示：

$$S(i,j) = \begin{cases} 1, & \mathrm{RMSE}_A(i,j) \leqslant \mathrm{RMSE}_B(i,j) \\ 0, & \text{其他} \end{cases} \quad (5.19)$$

其中，S 为临时融合图像与源图像间的相似特征矩阵，当 $\mathrm{RMSE}_A(i,j)$ 值较小时，源图像 A 中的像素 (i,j) 为聚焦区域像素，特征矩阵对应元素值为 1，而当 $\mathrm{RMSE}_B(i,j)$ 值较小时，源图像 B 中的像素 (i,j) 为聚焦区域像素。

利用临时融合图像和源图像像素间的 RMSE 检测源图像聚焦区域特性，忽略了像素间的相关性。因为人的视觉系统对单个像素的变化并不敏感，而对图像边缘和纹理变化比较敏感。另外，聚焦特性反映的是图像边缘的细节特征变化以及纹理特征的变化，RMSE 只能简单的从像素差异来度量临时图像和源图像间相似性，并不能表征临时融合图像与源图像间的细节特征变化和纹理特征变化，因此，需要设计新的方法来描述融合图像和源图像间细节特征和纹理特征变化来描述临时融合图像与源图像间的相似性。

在传统的图像融合质量主观评价中，为了更好地观察融合图像与源图像间的差异，常用融合图像与源图像的差异图像来观察融合图像从源图像中转移的边缘和纹理细节信息的程度。如果融合算法能够准确判定源图像聚焦区域特性，融合图像与源图像在对应区域像素的差值就应该为 0。在差异图像中与源图像聚焦区域相对应的部分会表现为平滑，而差异图像中与非聚焦区域相对应的部分会表现为纹理和细节非常突出，如图 5.3 所示。

由图 5.3 可以看出，差异图像中平滑区域与源图像中的聚焦区域是相互对应的。由于差异图像和源图像的场景目标位置也是相互对应的，利用差异图像的梯度能量特征可以对源图像中的聚焦区域特性进行检测。本章提出利用差异图像的梯度能量对差异图像的细节和纹理

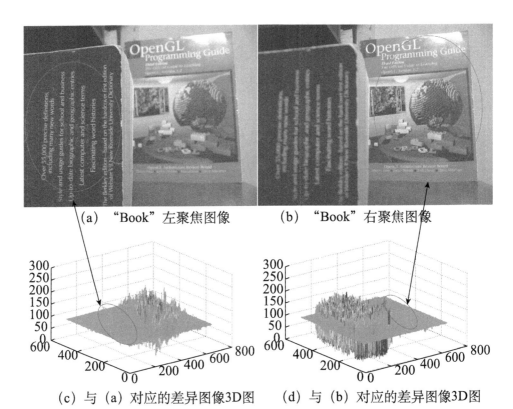

图 5.3 差异图像"Book"的 3D 图像与其源图像间的对应关系

特征进行测量,进而实现对源图像中的聚焦区域特性进行检测。差异图像梯度能量计算如下:

$$\mathrm{EOG} = \sum_i \sum_j (f_i^2 + f_j^2) \quad (5.20)$$

$$f_i = [f_0(i+1,j) - f(i+1,j)] - [f_0(i,j) - f(i,j)] \quad (5.21)$$

$$f_j = [f_0(i,j+1) - f(i,j+1)] - [f_0(i,j) - f(i,j)] \quad (5.22)$$

其中,(i,j) 为临时融合图像和源图像同一位置的像素,f 为源图像,f_0 为临时融合图像。

通过比较临时融合图像和源图像的差异图像相应区域的 EOG 大小,即可判定该区域的聚焦特性,并构建相似特征矩阵,利用相应的融合规则,将源图像中的聚焦区域合并得到最后的融合图像。

5.4 基于 NMF 与聚焦区域检测的多聚焦图像融合

考虑到 NMF 具有纯加性和稀疏性，有利于源图像的全局特征的提取，差异图像的细节纹理特征可用于检测源图像聚焦区域特性。本节提出一种基于 NMF 与聚焦区域检测的多聚焦图像融合算法。将基于 NMF 的融合算法得到的融合图像作为临时融合图像，并利用临时融合图像和源图像间的差异图像梯度能量特征对源图像聚焦区域特性进行判定，实现对源图像聚焦区域的准确判别和定位，从而提高从源图像中转移细节和纹理信息的有效性，改善融合图像视觉效果，提高融合图像质量。

5.4.1 算法原理

基于 NMF 和聚焦区域检测的多聚焦图像融合算法，如图 5.4 所示。其中，I_0 为基于 NMF 的融合算法对源图像 I_A 和 I_B 融合后所得到的融合图像，在算法中属于临时融合图像，D_A 和 D_B 分别为临时融合图像 I_0 和源图像 I_A 和 I_B 的差异图像，EOG_A 和 EOG_B 分别为差异图像 D_A 和 D_B 的局部梯度能量。

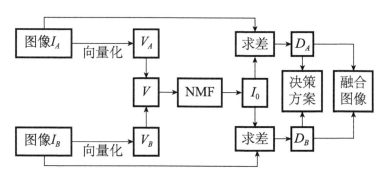

图 5.4 基于 NMF 和聚焦区域检测的多聚焦图像融合算法

融合算法对源图像进行融合处理，得到临时融合图像；临时融合图像同源图像分别作差，得到临时融合图像与源图像的差异图像。分别计算差异图像各像素邻域窗口的梯度能量，根据差异图像各像素邻域窗口梯度能量的大小，构建决策矩阵，根据一定的融合规则将源图像中对应像素融合，得到融合图像。

具体步骤如下：

（1）将经过配准的源图像 I_A 和 I_B（I_A, $I_B \in R^{m \times n}$）分别转换成列向量，构成观测矩阵 V，如式（5.23）所示：

$$V = \begin{bmatrix} v_A & v_B \end{bmatrix} = \begin{bmatrix} v_{1A} & v_{1B} \\ v_{2A} & v_{2B} \\ \vdots & \vdots \\ v_{mnA} & v_{mnB} \end{bmatrix} \quad (5.23)$$

（2）用 NMF 对观测矩阵 V 进行分解，得到基矩阵 W 对观测矩阵 V 的线性表示，基矩阵 W 的基向量个数为 1，该基向量可完整地表示观测矩阵 V 的全部特征。

（3）将基矩阵 W 还原成大小为 $m \times n$ 的图像，该图像即为临时融合图像 I_0。

（4）分别将临时融合图像 I_0 与源图像 I_A 和 I_B 作差，得到差异图像 D_A 和 D_B。

（5）根据式（5.24）~式（5.26）计算差异图像 D_A 和 D_B 每个像素邻域内的梯度能量 $\text{EOG}_A(i,j)$ 和 $\text{EOG}_B(i,j)$，$M \times N$ 为邻域窗口大小，邻域大小一般取 5×5 或 7×7。

$$\text{EOG}(i,j) = \sum_{m=-(M-1)/2}^{(M-1)/2} \sum_{n=-(N-1)/2}^{(N-1)/2} (f_{i+m}^2 + f_{j+n}^2) \quad (5.24)$$

$$f_{i+m} = [f_0(i+m+1,j) - f(i+m+1,j)] \\ - [f_0(i+m,j) - f(i+m,j)] \quad (5.25)$$

$$f_{j+n} = [f_0(i,j+n+1) - f(i,j+n+1)] \\ - [f_0(i,j+n) - f(i,j+n)] \quad (5.26)$$

其中，(i, j) 为临时融合图像和源图像同一位置的像素，f 源图像，f_0 为临时融合图像。

(6) 比较 $\text{EOG}_A(i, j)$ 和 $\text{EOG}_B(i, j)$ 的大小，确定源图像中像素 (i, j) 是否位于聚焦区域内，进而构建临时融合图像与源图像的相似特征矩阵。

(7) 以临时融合图像与源图像的相似特征矩阵为基础，构建决策矩阵，根据相应的融合规则，将源图像中聚焦区域像素进行合并得到最后的融合图像。

5.4.2 融合规则

建立融合规则需要解决两个关键问题：一个是如何对聚焦区域特性进行检测判断，另一个是如何将检测到的聚焦区域或像素合并到融合图像中。这两个方面都直接影响着融合图像的质量。本章通过临时融合图像和源图像的作差，由差异图像的梯度特征 EOG 来描述临时融合图像和源图像的相似程度。如果融合图像与源图像对应区域非常相似，那么在对应区域像素的差值就应该为 0，在差异图像中与聚焦区域相对应的部分就会比较平滑，该区域的梯度强度就会非常小；如果融合图像与源图像对应区域相差比较大，那么在差异图像中，该区域的细节和纹理特征变化会比较突出，则该区域对应的梯度强度就会比较大。基于空间域的图像融合算法中，通过聚焦区域检测提取出源图像中聚焦区域，并将聚焦区域合并得到融合图像。因此，在理想状态下，融合图像中各区域与源图像中的聚焦区域相对应。当融合图像与源图像作差后，相抵消部分，也就是像素差值为 0 的区域，纹理和边缘细节信息都没有残留，梯度特征并不明显，与该区域相对应的应该为源图像中的聚焦区域;而像素差值比较大的区域,残留的纹理和边缘细节信息比较多,梯度特征比较明显,与该区域相对应的应该为源图像中的离焦区域。因此,在差异图像中,具有较小梯度能量的区域表示融合图像和源图像在该区域的像素值相似程度高,梯度特征不明显,其所对应的源图像区域为聚焦区域。而具有较大梯度能量的区域表示融合图像和源图像在该区域像素值相似程度低,梯度特征明显,其所对应的源图像区域为离焦区域。所以,本章用差异图像梯度能量来检测源图像中的聚焦区域特性。在融合规则方面,应采用"取小"原则,即选取邻域窗口梯度能量较小的像素进行合并,得到最后的融合图像。

用 $\mathrm{EOG}_A(i,j)$ 和 $\mathrm{EOG}_B(i,j)$ 分别表示差异图像 D_A 和 D_B 中像素 (i,j) 的邻域内所有像素的梯度能量,根据式(5.27),比较 $\mathrm{EOG}_A(i,j)$ 和 $\mathrm{EOG}_B(i,j)$ 的大小来构建决策矩阵 H。

$$H(i,j) = \begin{cases} 1, & \mathrm{EOG}_A(i,j) < \mathrm{EOG}_B(i,j) \\ 0, & 其他 \end{cases} \quad (5.27)$$

其中,H 同源图像大小相同,当源图像 I_A 中的像素 (i,j) 位于聚焦区域时,用"1"表示,当源图像 I_B 中像素 (i,j) 位于聚焦区域时,用"0"表示。

多聚焦图像成像时,不论是聚焦区域还是离焦区域都不可能出现断裂、孔洞和突起的毛刺。但是,决策矩阵区域间存在着细小突起、截断、狭窄的断裂和小洞,如图5.5(a)所示。由此可知,仅靠差异图像的梯度能量 EOG 作为源图像聚焦区域的评价指标,并不能保证完全检测出所有的源图像聚焦区域。为获取更加准确的聚焦区域检测结果,本节采用第2章中形态学分析处理方法来改善聚焦区域特性检测结果。形态学处理后的决策矩阵 H 如图5.5(b)所示。在此基础上,根据式(5.28)将源图像 I_A,I_B 中聚焦区域的像素 (i,j) 进行合并得到最后的融合图像 F。

$$F(i,j) = \begin{cases} I_A(i,j), & H(i,j) = 1 \\ I_B(i,j), & H(i,j) = 0 \end{cases} \quad (5.28)$$

(a) 形态学处理前的决策矩阵　　(b) 形态学处理后的决策矩阵

图 5.5　形态学处理前后的决策矩阵

5.5　实验结果与分析

为了对本章所提出融合算法和融合规则的可行性和有效性进行验证，本节采用第 2 章中的 4 组多聚焦图像[32,33]作为测试图像。为检测本章算法相对于传统方法的优越性，除了本章算法和第 2 章用到的 SF 方法外，一些传统图像融合方法也对这 4 组测试图像进行了融合实验。这些传统方法包括基于 SF 的融合方法[44]、基于 NMF 的融合方法、基于 LNMF 的融合方法、基于 SNMF 的融合方法和基于 NMFsc 的融合方法。本章将 NMF 工具箱[237]分别用于仿真基于 NMF，LNMF，SNMF 和 NMFsc 的融合算法。所有算法的实验环境设置和融合图像评价标准同第 2 章。

5.5.1　实验参数设置

为保证融合算法性能对比的客观性，实验参数参照相关文献中的最佳性能参数进行设置，具体设置包括：SF 方法的参数同第 2 章；NMF 的基矩阵向量个数 $r=1$；LNMF 的基矩阵向量个数 $r=1$，调节参数 $\alpha=1.0$，$\beta=1.0$；SNMF 的基矩阵向量个数 $r=1$，调节参数 $\alpha=0.01$；NMFsc 的基矩阵向量个数 $r=1$，对基矩阵各列向量的稀疏度期望 $S_W=0.01$，基矩阵各行向量的稀疏度期望不加限制。

5.5.2 实验结果

为了对比本章算法与传统融合算法的融合图像视觉效果和融合图像质量量化指标，图 5.6（a）~（f），图 5.7（a）~（f），图 5.8（a）~（f）和图 5.9（a）~（f）中分别列出了不同融合方法对以上提到的 4 组多聚焦图像的融合结果。图 5.10（a）~（f）和图 5.11（a）~（f）中分别列出了不同融合方法对多聚焦图像"Lab"和"Book"的融合图像与源图像间的差异图像。

(a) 基于SF的融合图像　　(b) 基于NMF的融合图像　(c) 基于LNMF的融合图像

(d) 基于SNMF的融合图像(e) 基于NMFsc的融合图像 (f) 本章算法的融合图像

图 5.6　不同融合方法获得的多聚焦图像"Disk"的融合图像

5.5 实验结果与分析

(a) 基于SF的融合图像　(b) 基于NMF的融合图像 (c) 基于LNMF的融合图像

(d) 基于SNMF的融合图像(e) 基于NMFsc的融合图像 (f) 本章算法的融合图像

图 5.7　不同融合方法获得的多聚焦源图像"Lab"的融合图像

(a) 基于SF的融合图像　(b) 基于NMF的融合图像 (c) 基于LNMF的融合图像

(d) 基于SNMF的融合图像(e) 基于NMFsc的融合图像 (f) 本章算法的融合图像

图 5.8　不同融合方法获得的多聚焦图像"Rose"的融合图像

(a) 基于SF的融合图像　(b) 基于NMF的融合图像 (c) 基于LNMF的融合图像

(d) 基于SNMF的融合图像(e) 基于NMFsc的融合图像 (f) 本章算法的融合图像

图 5.9　不同融合方法获得的多聚焦源图像"Book"的融合图像

(a) 基于SF的差异图像　(b) 基于NMF的差异图像 (c) 基于LNMF的差异图像

(d) 基于SNMF的差异图像(e) 基于NMFsc的差异图像 (f) 本章算法的差异图像

图 5.10　不同融合方法对多聚焦图像"Lab"的融合图像与
源图像间的差异图像

(a) 基于SF的差异图像　(b) 基于NMF的差异图像　(c) 基于LNMF的差异图像

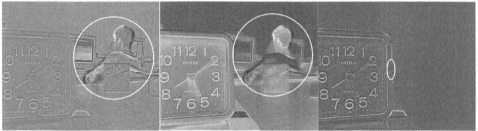

(d) 基于SNMF的差异图像　(e) 基于NMFsc的差异图像　(f) 本章算法的差异图像

图 5.11　不同融合方法对多聚焦图像"Book"的融合图像与源图像间的差异图像

表 5.1 和表 5.2 分别列出了不同融合方法在融合多聚焦图像"Disk","Lab","Rose"和"Book"时的性能指标值。

表 5.1　不同算法在融合多聚焦图像"Disk"和"Lab"时的性能比较

算法	Disk			Lab		
	MI	$Q^{AB/F}$	运行时间/s	MI	$Q^{AB/F}$	运行时间/s
SF	7.00	0.68	1.01	7.94	0.72	1.03
NMF	5.98	0.52	1.51	7.08	0.59	1.53
LNMF	6.00	0.58	14.10	7.13	0.65	14.98
SNMF	5.98	0.51	16.16	7.07	0.58	17.76
NMFsc	6.02	0.56	23.17	7.09	0.65	42.80
本章算法	**8.25**	**0.73**	10.70	**8.62**	**0.76**	10.51

表 5.2　不同算法在融合多聚焦图像 "Rose" 和 "Book" 时的性能比较

算法	Rose			Book		
	MI	$Q^{AB/F}$	运行时间/s	MI	$Q^{AB/F}$	运行时间/s
SF	6.78	0.71	0.66	8.41	0.70	1.03
NMF	5.40	0.70	0.96	7.65	0.62	1.50
LNMF	5.41	0.71	9.60	7.65	0.63	14.14
SNMF	5.40	0.71	10.12	7.65	0.62	15.90
NMFsc	5.50	0.69	21.85	7.52	0.46	32.96
本章算法	**8.02**	**0.73**	7.20	**9.33**	**0.73**	10.56

5.5.3　实验结果主观评价

对比不同融合方法所得融合图像的视觉效果可以看出，基于 SF 的方法有明显的块效应。例如，图 5.6（a）中的白色图书书脊边缘部分，图 5.7（a）中学生头部上侧边缘部分，图 5.8（a）中的玫瑰花上边缘部分和图 5.9（a）中的左侧图书封皮文字部分都出现了不同程度的块效应。基于 NMF 和基于 NMF 扩展算法结果均出现不同程度的模糊。例如，在图 5.6（b）~（e）中白色图书脊边缘部分，图 5.7（b）~（e）中的学生头部上边缘部分，图 5.8（b）~（e）中的玫瑰花上边缘部分和右侧花盆植物的左边缘部分，图 5.9（b）~（e）中的左侧图书封皮部分以及两本书之间的边缘部分都出现了不同程度的模糊。本章算法的融合图像各部分细节是清晰完整的。另外，从不同融合方法所得融合图像的对比度可看出，本章算法的融合图像对比度优于其他方法所得融合图像。

为进一步比较各融合算法的融合性能，从不同融合方法所获得差异图像的视觉效果可以看出，基于 SF 的融合方法所得差异图像有明显块状残余。例如，图 5.10（a）和图 5.11（a）中的右侧部分。另外，基于 NMF 以及基于 NMF 的扩展算法的融合方法的差异图像右侧部分有明显残余。例如，图 5.10（b）~（e）和图 5.11（b）~（e）的右侧部分。本章算法的差异图像右侧部分是光滑平整的，但图 5.10（f）中左侧钟表靠边缘区域有部分残留，图 5.11（f）右侧区域有一处点状残留。

5.5.4 实验结果客观评价

为对各融合方法性能进行更加客观准确地对比分析，表 5.1 和表 5.2 分别列出了不同融合方法在融合多聚焦图像"Disk"，"Lab"，"Rose"和"Book"时的互信息 MI 和边缘保持度 $Q^{AB/F}$。另外，表 5.1 和表 5.2 还列出了各算法的运行时间。

从表 5.1 和表 5.2 中的互信息 MI 的值可看出，基于 NMF 以及基于 NMF 扩展算法的融合方法所得融合图像的 MI 值大小基本一致，其中，LNMF 的融合图像 MI 最大。本章算法从源图像中提取聚焦区域像素进行合并，其融合图像的 MI 最高，优于其他融合方法融合图像的 MI 值。

通过对比表 5.1 和表 5.2 中各融合方法所得融合图像的边缘保持度 $Q^{AB/F}$ 的值，可以看出基于 LNMF 的融合图像质量优于其他基于 NMF 扩展算法的融合方法。由于本章算法从融合图像和源图像间的差异图像入手，利用差异图像的梯度特征来对源图像聚焦区域进行检测，提高了检测的准确性，使其从源图像中转移的聚焦区域细节信息更为完整，其融合图像质量明显优于其他融合方法的融合图像质量。因此，本章算法从源图像中转移聚焦区域目标细节信息的能力要优于其他融合方法。

从表 5.1 和表 5.2 中各融合方法的运行时间来看，本章算法的运行时间比基于 LNMF、基于 SNMF 和基于 NMFsc 的融合方法的运行时间都短。另外，由于本章算法运用差异图像中单个像素邻域内 EOG 来判定聚焦区域特性，需要耗费一定的运行时间，其运行时间比基于 SF 和基于 NMF 的融合方法运行时间都长。但随着计算机软硬件技术的发展，这个问题可以得到有效解决。

5.6 本书算法分析

本书针对噪声对融合图像质量的影响、融合图像的"块效应"问题、融合算法对源图像几何信息描述不完整的问题和基于 NMF 的融合方法融合图像对比度差的问题，分别提出了相应的算法，并用实验验证了各算法的可行性和有效性。本节对本书所提各算法性能进行对比，实验环境和实验参数与对应各章相同。图 5.12（a）~（d），图 5.13（a）~（d），图 5.14（a）~（d）和图 5.15（a）~（d）分别列出了各算法对多聚焦图像的融合图像。图 5.16（a）~（d）和图 5.17（a）~（d）中分别列出了不同融合方法对多聚焦图像"Lab"和"Book"的融合图像与源图像间的差异图像。

(a) 第2章算法的融合图像　　(b) 第3章算法的融合图像

(c) 第4章算法的融合图像　　(d) 第5章算法的融合图像

图 5.12　本书算法获得的多聚焦源图像"Disk"的融合图像

5.6 本书算法分析

(a) 第2章算法的融合图像　　(b) 第3章算法的融合图像

(c) 第4章算法的融合图像　　(d) 第5章算法的融合图像

图 5.13　本书算法获得的多聚焦源图像"Lab"的融合图像

(a) 第2章算法的融合图像　　(b) 第3章算法的融合图像

(c) 第4章算法的融合图像　　(d) 第5章算法的融合图像

图 5.14　本书算法获得的多聚焦源图像"Rose"的融合图像

(a) 第2章算法的融合图像　　(b) 第3章算法的融合图像

(c) 第4章算法的融合图像　　(d) 第5章算法的融合图像

图 5.15　本书算法获得的多聚焦源图像"Book"的融合图像

(a) 第2章算法的差异图像　　(b) 第3章算法的差异图像

 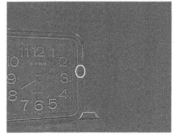

(c) 第4章算法的差异图像　　(d) 第5章算法的差异图像

图 5.16　本书算法对多聚焦图像"Lab"的融合图像与
源图像间的差异图像

(a) 第2章算法的差异图像　　(b) 第3章算法的差异图像

(c) 第4章算法的差异图像　　(d) 第5章算法的差异图像

图 5.17　本书算法对多聚焦图像"Book"的融合图像与
源图像间的差异图像

表 5.3 和表 5.4 分别列出了各算法在融合多聚焦图像时的互信息 MI 和边缘保持度 $Q^{AB/F}$。另外，表 5.3 和表 5.4 还列出了各算法的运行时间（以秒为单位）。

表 5.3　本书算法在融合多聚焦图像"Disk"和"Lab"时的性能比较

算法	Disk			Lab		
	MI	$Q^{AB/F}$	运行时间/s	MI	$Q^{AB/F}$	运行时间/s
第 2 章算法	8.96	0.75	1.08	8.90	0.76	1.08
第 3 章算法	8.29	0.76	9.46	8.68	0.78	9.57
第 4 章算法	7.25	0.72	21.08	8.20	0.75	17.09
第 5 章算法	8.25	0.73	10.70	8.62	0.76	10.51

表 5.4　本书算法在融合多聚焦图像 "Rose" 和 "Book" 时的性能比较

算法	Rose			Book		
	MI	$Q^{AB/F}$	运行时间/s	MI	$Q^{AB/F}$	运行时间/s
第 2 章算法	**7.85**	**0.74**	0.84	**9.57**	**0.75**	1.10
第 3 章算法	**8.14**	**0.74**	6.31	**9.40**	**0.75**	9.5471
第 4 章算法	**7.20**	**0.73**	15.4	**8.60**	**0.73**	20.91
第 5 章算法	**8.02**	**0.73**	7.20	**9.33**	**0.73**	10.56

5.6.1　本书算法主观评价

对比本书算法所得融合图像的视觉效果可以看出，本书算法的融合图像都能清晰显示多聚焦源图像聚焦区域的目标细节信息，具有较强的对比度。但第 2 章、第 3 章和第 4 章算法对多聚焦源图像 "Disk" 的融合图像中出现少量模糊。例如，图 5.12（a）中右侧闹钟的左边缘部分和图 5.12（b），（c）中右侧闹钟的上边缘部分均出现少量模糊。

从本书算法所获得差异图像的视觉效果可以看出，本书算法的差异图像右侧区域有少量不太明显的残留，整体光滑平整。例如，图 5.16（a）~（d）中左侧闹钟的右边缘部分和图 5.17（a）~（d）中右侧区域的上边缘部分均有少量不太明显的残留。

5.6.2　本书算法客观评价

从表 5.3 和表 5.4 中的互信息 MI 的值可看出，第 4 章算法所得融合图像的 MI 值最小。除对 "Disk" 的融合图像的互信息 MI 值较小外，第 2 章算法所得融合图像的 MI 值最大。通过对比表 5.3 和表 5.4 中本文算法所得融合图像的边缘保持度 $Q^{AB/F}$ 的值，可以看出第 3 章算法所得融合图像的边缘保持度 $Q^{AB/F}$ 值最大，第 4 章算法所得融合图像的边缘保持度 $Q^{AB/F}$ 值最小。从表 5.3 和表 5.4 中各融合方法的运行时间来看，第 2 章算法在图像融合时耗费时间最短，第 4 章算法在图像融合时耗费时间最长。

5.7 本章小结

针对 NMF 图像融合算法所得融合图像对比度差的问题，将基于 NMF 的融合方法所得融合图像作为临时融合图像，利用临时融合图像和源图像间的差异图像特征，检测源图像中聚焦区域聚焦特性。分别计算差异图像中每个像素邻域窗口的梯度能量，根据单个像素邻域窗口梯度能量的大小来判定源图像中当前位置像素是否属于聚焦区域，并根据相应的融合规则将属于聚焦区域的像素合并，得到最后的融合图像。利用 NMF 的纯加性和稀疏性将源图像分解，保证了所提取基本特征的完整性和融合算法的噪声鲁棒性。此外，通过融合图像与源图像间的差异图像特征检测聚焦区域特性，有利于提高聚焦区域检测的准确性。通过对多组多聚焦图像的融合实验验证，结果表明该方法可有效提取源图像中边缘和纹理信息，增强了融合图像对比度，改善了融合图像视觉效果，提高了融合图像质量。因此，该融合算法是可行有效的。另外，本章对前几章提出的算法性能进行了对比和分析。

第6章 总结与展望

多聚焦图像融合作为多源图像融合的一个重要分支,主要用于同一光学成像系统在相同成像条件下获取的聚焦目标不同的多幅图像的融合处理。该技术根据多聚焦图像中聚焦区域的不同,利用融合规则选取各源图像的聚焦区域,在避免引入外部噪声的同时,将其组合成一幅所有场景目标都清晰的图像。该技术按照融合处理所处阶段可分为像素级、特征级和决策级图像融合。由于多聚焦图像像素级融合有利于提高图像信息利用率和系统可靠性,已被广泛应用于机器视觉、物流仓储和军事等领域。因此,深入研究多聚焦图像像素级融合方法,解决现有方法存在的不足是非常必要的。

6.1 本书工作总结

本书在前人研究成果的基础上,对现有多聚焦图像像素级融合方法及其关键技术进行了研究,并在 Matlab 2011b 工具上对提出的所有算法进行了验证。主要工作可概括为以下几个方面:

(1) 在 RPCA 分解域内,根据 RPCA 具有强化前景目标特征、弱化噪声以及可用低维线性子空间表示高维数据的特性,结合 PCNN 所具有的全局耦合同步脉冲的生物特性,提出了一种基于 RPCA 与 PCNN 的多聚焦图像融合算法。该算法将源图像在 RPCA 分解域内稀疏矩阵的局部特征作为 PCNN 神经元的外部输入,利用 PCNN 神经元的点火次数来选取多聚焦图像的聚焦区域,增强了融合算法对噪声的影响。实验结果表明，该方法可以准确地选取源图像中的聚焦区域，并提取聚焦区域信息到融合图像。

（2）在 RPCA 分解域内，根据 RPCA 在高维数据的低维表示和噪声弱化方面的优势，结合四叉树分解可自适应控制分块大小的优势，提出了一种基于 RPCA 和四叉树分解的多聚焦图像融合算法。该算法在源图像的 RPCA 分解域内，将源图像稀疏矩阵的平均矩阵作为临时矩阵，对临时矩阵进行四叉树分解，根据临时矩阵的划分结果来确定源图像聚焦区域的划分，避免了分块大小和外部噪声对融合算法的影响。实验结果表明，该算法可从源图像提取并转移边缘纹理等细节信息，抑制了"块效应"，提高了融合图像质量。

（3）在空间域内，根据图像分解方法对图像几何特征和潜在信息描述的完整性，提出了一种基于图像分解的多聚焦图像多成分融合算法。该算法利用图像分解算法将源图像分解为卡通成分和纹理成分，根据相应的融合规则将源图像的卡通成分和纹理成分分别融合，将融合后的卡通成分和纹理成分进行合并得到融合图像，避免了外部噪声和划痕破损对融合算法的影响。实验结果表明，本章提出的融合算法相比于传统融合算法能够更好地描述源图像中的边缘纹理等细节信息，改善了融合图像视觉效果。

（4）在空间域内，提出了一种基于 NMF 和聚焦区域检测的多聚焦图像融合算法。该方法将传统 NMF 方法得到的融合图像作为初始融合图像，利用初始融合图像和源图像之间差异图像的局部特征检测源图像中的聚焦区域特性，构建融合决策矩阵，根据融合规则得到最后的融合图像。实验结果表明，本章提出的融合算法相比于传统融合算法，提高了源图像聚焦区域检测的准确性，改善了融合图像质量。

6.2 本书创新之处

本书针对现有算法的不足进行了分析和研究，并做出相应的改进和创新，本书的创新点主要包括以下几个方面：

（1）在源图像的 RPCA 分解域内，根据稀疏矩阵显著区域同源图像聚焦区域相对应的特点，结合 PCNN 的局部脉冲和全局耦合的生物特性，以 PCNN 融合算法为基础，提出一种基于 RPCA 与 PCNN 的多聚焦图像融合方案。用 PCNN 神经元的点火次数来描述稀疏矩阵的局部区域特征相似性，并设计了相应的聚焦区域融合规则，提高了融合图像质量。

（2）在源图像的 RPCA 分解域内，分析了融合图像中出现"块效应"的原因，提出一种基于 RPCA 与四叉树分解的多聚焦图像融合方案。将源图像的稀疏矩阵的平均矩阵作为临时矩阵，以临时矩阵的四叉树分解结果来指导各稀疏矩阵的区域划分，并用各矩阵区域的梯度能量评判源图像对应区域的聚焦特性，抑制了"块效应"，改善了融合图像的视觉效果。

（3）在源图像的卡通纹理分解域内，提出一种图像多成分融合的多聚焦图像融合方案，用基于 ROF 模型的 Split Bregman 算法将源图像分解为卡通成分和纹理成分，检测卡通成分和纹理成分中的聚焦区域，并将这些聚焦区域合并得到融合的卡通成分和纹理成分，最后将融合后的卡通成分和纹理成分进行合并实现多聚焦图像的融合，提升了融合算法性能，抑制了融合方法对源图像潜在信息完整性的影响。

（4）在空间域内，根据融合图像与源图像间差异图像的平滑区域同源图像聚焦区域的对应关系，提出一种基于 NMF 与聚焦区域检测的多聚焦图像融合方案，用 NMF 对源图像进行初始融合，根据初始融合结果同源图像间差异图像的 EOG 特征来检测源图像相应区域的聚焦特性，并将检测到的聚焦区域进行合并，进而实现对源图像的二次融合，提高了融合图像质量，改善了融合图像视觉效果。

6.3 研究展望

多聚焦图像融合作为多源图像融合的一个重要分支，在机器视觉、仓储物流、医疗诊断和军事安全等方面都具有非常重要的应用价值。经过研究者们近 20 年的努力，多聚焦图像融合及相关技术取得了一定的研究成果，但由于缺乏完整的理论框架和理论体系以及融合问题自身的复杂性，作者在这方面的研究只是个开始，多聚焦图像融合仍然需要大量深入的理论研究和应用研究，初步考虑包括以下几个方面：

（1）具有动态场景的多聚焦图像融合算法研究

目前，大多数图像融合算法都是基于具有静态场景的图像设计的，而对于具有动态场景的图像融合却研究较少。这些传统的融合方法对于具有静态场景的多聚焦图像可得到比较满意的融合结果。而具有动态场景的图像序列之间，不满足严格的配准条件，在图像中的同一位置，其内容是不一样的。因此，具有动态场景的多聚焦图像融合首先要解决的是场景目标的提取问题以及场景的配准问题。

（2）强噪声环境下的多聚焦图像融合算法研究

在实际工程应用当中，由于外部环境和传感器设备的影响，使得传输和采集的源图像常常含有噪声。大多数传统融合算法都基于无噪声源图像设计的，而对于含有较强噪声的图像融合研究较少。较强的外部噪声会干扰源图像中聚焦区域特性的判定，进而影响融合算法的性能，降低融合图像的质量。因此，如何在提高融合性能的同时，有效抑制外部噪声，是强噪声环境下多聚焦图像融合算法的研究方向。

（3）主观评价与客观评价相结合的融合质量评价体系研究

目前，图像的主客观评价是图像融合研究领域的研究热点。客观评价指标从不同的角度对融合图像质量进行量化评价，是各种融合算法性能评价的重要参照标准。然而却无法回避与人眼视觉感知的偏差，这个问题一直未得到很好的解决。研究者们提出的各种评价指标缺乏统一的理论基础。因此，以人的视觉感知为基础，构建主观评价与客观评价相结合的融合图像质量评价体系，对融合算法的客观评价具有重要意义。

(4) 同各领域新理论相结合的多聚焦图像融合算法研究

多聚焦图像融合方法涉及不同领域的知识，这些领域不断出现一些新的领域理论，比如新近出现的压缩感知理论、低秩矩阵恢复理论和形态学成分分析等。如何将这些新理论引入图像融合，构建更加合理的融合规则，研究同这些新理论相结合的图像融合算法，解决图像融合中的实际问题，值得深入研究。

总之，本书仅对空间域内的多聚焦图像像素级融合算法中的部分问题进行了研究和探讨，取得了一些研究成果，但研究成果的应用工作还有待今后进一步研究和完善。

参 考 文 献

[1] Mitchell H B. Data fusion: concepts and ideas [M]. Berlin Heidelberg: Springer, 2012.

[2] Cui M S. Genetic Algorithms Based Feature Selection and Decision Fusion for Robust Remote Sensing Image Analysis [M]. Proquest, UMI Dissertation Publishing, BiblioBazaar, 2012.

[3] Ahmed Abdelgawad, Magdy Bayoumi. Resource-aware data fusion algorithms for wireless sensor networks [M]. New York: Springer, 2012

[4] Erkanli Sertan. Fusion of visual and thermal images using genetic algorithms [D]. PhD Thesis, Old Dominion University, 2011.

[5] Xu M. Image registration and image fusion: algorithms and performance bounds [D]. PhD Thesis, Syracuse University, 2011.

[6] Wan T, Zhu C, Qin Z. Multifocus image fusion based on robust principal component analysis [J]. Pattern Recognition Letters, 2013, 34 (9): 1001-1008.

[7] Isha Mehra, Naveen K Nishchal. Image fusion using wavelet transform and its application to asymmetric cryptosystem and hiding [J]. Optics Express, 2014, 22 (5): 5474-5482.

[8] Hong R, Wang C, Ge Y, et al. Salience preserving multi-focus image fusion [C]. Multimedia and Expo, 2007 IEEE International Conference on. IEEE, 2007: 1663-1666.

[9] Smith M I, Heather J P. A review of image fusion technology in 2005 [C]. Defense and Security. International Society for Optics and Photonics, 2005: 29-45.

[10] Ardeshir Goshtasby A, Nikolov S. Image fusion: advances in the state of the art [J]. Information Fusion, 2007, 8 (2): 114-118.

[11] Anjali Malviya, Bhirud S G. Image fusion of digital images [J]. International Journal of Recent Trends in Engineering, 2009, 2 (3): 146-148.

[12] Bai X, Zhou F, Xue B. Edge preserved image fusion based on multiscale toggle contrast operator [J]. Image and Vision Computing, 2011, 29 (12): 829-839.

[13] Ketan Kotwal, Subhasis Chaudhuri. A novel approach to quantitative evaluation of hyperspectral image fusion techniques [J]. Information Fusion, 2013, 14 (1): 5-18.

[14] Bhatnagar G, Jonathan Wu Q M, Liu Z. Human visual system inspired multi-modal medical image fusion framework [J]. Expert Systems with Applications, 2013, 40 (5): 1708-1720.

[15] Xu Z. Medical image fusion using multi-level local extrema [J]. Information Fusion, 2014, 19: 38-48.

[16] Zhao Y, Zhao Q, Hao A. Multimodal medical image fusion using improved multi-channel PCNN [J]. Bio-Medical Materials And Engineering, 2014, 24 (1): 221-228.

[17] Stathaki T. Image Fusion: Algorithms and Applications [M]. New York: Academic Press, 2008.

[18] Bai X, Zhou F, Xue B. Fusion of infrared and visual images through region extraction by using multi scale center-surround tophat transform [J]. Optics Express, 2011, 19 (9): 8444-8457.

[19] Alex Pappachen James, Belur V Dasarath. medical image fusion: A survey of the state of the art [J]. Information Fusion, 2014, 19: 4-19.

[20] Zhang Q, Ma Z, Wang L. Multimodality image fusion by using both phase and magnitude information [J]. Pattern Recognition Letters, 2013, 34 (2): 185-193.

[21] Li H, Tang G F, Wu F X, et al. Pixel-level image fusion based on programmable GPU [J]. Applied Mechanics and Materials, 2013, 347: 3872-3876.

[22] Li M J, Dong Y B, Wang X L. Research and Development of Non Multi-Scale to Pixel-Level Image Fusion [J]. Applied Mechanics and Materials, 2013, 448-453: 3621-3624.

[23] Marcello J, Medina A, Eugenio F. Evaluation of Spatial and Spectral Effectiveness of Pixel-Level Fusion Techniques [J]. Geoscience and Remote Sensing Letters, IEEE 2013, 10 (3): 432-436.

[24] Pong K H, Lam K M. Multi-resolution feature fusion for face recognition [J]. Pattern Recognition, 2014, 47 (2): 556-567.

[25] Zhou Y, Zhou S T, Zhong Z Y, et al. A de-illumination scheme for face recognition based on fast decomposition and detail feature fusion [J]. Optics express, 2013, 21 (9): 11294-11308.

[26] Kalyankar N V, Al-Zuky A. Feature-level based image fusion of multisensory images [J]. International Journal of Software Engineering Research and Practices, 2012, 1 (4): 9-16.

[27] Ye Z, He M, Prasad S, et al. A multiclassifier and decision fusion system for hyperspectral image classification [C]. Industrial Electronics and Applications (ICIEA), 2013, 8th IEEE

Conference on. IEEE, 2013: 501-505.

[28] Ridout M. An improved threshold approximation for local vote decision fusion [J]. Signal Processing, IEEE Transactions on, 2013, 61 (5): 1104-1106.

[29] Nanyam Y, Choudhary R, Gupta L, et al. A decision-fusion strategy for fruit quality inspection using hyperspectral imaging [J]. Biosystems Engineering, 2012, 111 (1): 118-125.

[30] 黄伟. 像素级图像融合研究 [D]. 上海：上海交通大学博士学位论文, 2008.

[31] 孙巍. 像素级多聚焦图像融合算法研究 [D]. 长春：吉林大学博士学位论文, 2008.

[32] Multi-focus Image Sets: http://www.ece.lehigh.edu/spcrl.

[33] Image Sets: http://www.imgfsr.com/sitebuilder/images.

[34] 徐彤阳. 基于抗混叠 Contourlet 变换的遥感图像融合研究 [D]. 上海：上海大学博士学位论文, 2011.

[35] Piella G. A general framework for multiresolution image fusion: from pixels to regions [J]. Information Fusion, 2003, 4 (4): 259-280.

[36] 潘瑜, 郑钰辉, 孙权森, 等. 基于 PCA 和总变差模型的图像融合框架 [J]. 计算机辅助设计与图形学学报, 2011, 23 (7): 1200-1210.

[37] Li S, Kwok J T, Wang Y. Fusing images with multiple focuses using support vector machines [M]. Artificial Neural Networks-ICANN 2002. Berlin Heidelberg: Springer, 2002: 1287-1292.

[38] Jiang Z, Han D, Chen J, et al. A wavelet based algorithm for multi-focus micro-image fusion [C]. Image and Graphics, 2004. Proceedings. Third International Conference on IEEE, 2004: 176-179.

[39] Pajares G, Manuel de la Cruz J. A wavelet-based image fusion tutorial [J]. Pattern Recognition, 2004, 37 (9): 1855-1872.

[40] Li Z H, Jing Z L, Liu G, et al. Pixel visibility based multifocus image fusion [C]. IEEE International Conference on Neural Networks and Signal Processing, 2003, 2: 1050-1053.

[41] Hariharan H. Extending Depth of Field via Multifocus Fusion [D]. PhD Thesis. University of Tennessee, Knoxville, 2011.

[42] 张勇, 陈大建. 区域图像融合算法在红外图像分析中的应用 [J]. 光电技术应用, 2011, 26 (3): 17-20.

[43] Srinivasa Rao Dammavalam, Seetha Maddala, Krishna Prasad MHM. Quality assessment of pixel-level image fusion using fuzzy logic [J]. International Journal on Soft Computing, 2012, 3 (1): 11-23.

[44] Li S, Yang B. Multifocus image fusion using region segmentation and spatial frequency [J]. Image and Vision Computing, 2008, 26 (7): 971-979.

[45] Garg S, Ushah Kiran K, Mohan R, et al. Multilevel medical image fusion using segmented image by level set evolution with region competition [C]. Engineering in Medicine and Biology Society, 2005. IEEE-EMBS 2005. 27th Annual International Conference of the IEEE, 2006: 7680-7683.

[46] Lee D H, Lee K M, Lee S U. Fusion of lidar and imagery for reliable building extraction [J]. Photogrammetric Engineering and Remote Sensing, 2008, 74 (2): 215.

[47] Nishioka T, Shiga T, Shirato H, et al. Image fusion between FDG-PET and MRI/CT for radiotherapy planning of oropharyngeal and nasopharyngeal carcinomas [J]. International Journal of Radiation Oncology Biology Physics, 2002, 53 (4): 1051-1057.

[48] Runkler T A, Sturm M, Hellendoorn H. Model based sensor fusion with fuzzy clustering [C]. Fuzzy Systems Proceedings, 1998. IEEE World Congress on Computational Intelligence. The 1998 IEEE International Conference on IEEE, 1998, 2: 1377-1382.

[49] 屈小波，闫敬文，杨贵德．改进拉普拉斯能量和的尖锐频率局部化 Contourlet 域多聚焦图像融合方法 [J]．光学精密工程，2009，17 (5): 1203-1212.

[50] Li S, Kwok J T, Wang Y. Combination of images with diverse focuses using the spatial frequency [J]. Information Fusion, 2001, 2 (3): 169-176.

[51] Fedorov D, Sumengen B, Manjunath B S. Multi-focus imaging using local focus estimation and mosaicking [C]. Proceedings of IEEE International Conference on Image Processing, Atlanta, GA USA, 2006: 2093-2096.

[52] Kong J, Zheng K, Zhang J, et al. Multi-focus image fusion using spatial frequency and genetic algorithm [J]. International Journal of Computer Science and Network Security, 2008, 8 (2): 220-224.

[53] Aslantas V, Kurban R. Fusion of multi-focus images using differential evolution algorithm [J]. Expert Systems with Applications, 2010, 37 (12): 8861-8870.

[54] Ishita De, Bhabatosh Chanda. Multi-focus image fusion using a morphology-based focus measure in a quad-tree structure [J]. Information Fusion, 2013, 14 (2): 136-146.

[55] Li S, Kwok J T, Wang Y. Multifocus Image Fusion Using Artificial Neural Networks [J]. Pattern Recognitionion Letter, 2002, 23 (8): 985-997.

[56] Li S, Kwok J, Tsang I, et al. Fusing images with different focuses using support vector machines [J]. IEEE Transactions on Neural Networks, 2004, 15 (6): 1555-1561.

[57] Li M, Cai W, Tan Z. A region-based multi-sensor image fusion scheme using pulse-coupled neural network [J]. Pattern Recognition Letters, 2006, 27 (16): 1948-1956.

[58] 李树涛，王耀南，张昌凡. 基于视觉特性的多聚焦图像融合 [J]. 电子学报, 2001, 29 (12): 1699-1701.

[59] Canny J. A computational approach to edge detection [J]. IEEE Transactions on Pattern Recognition and Machine Analysis, 1986, 8 (6): 679-698.

[60] Wong A, Bishop W. Efficient least squares fusion of MRI and CT images using a phase congruency model [J]. Pattern Recognition Letters, 2008, 29 (3): 173-180.

[61] Hassen R, Wang Z, Salama M. Multifocus image fusion using local phase coherence measurement [C]. Proc. Int. Conf. on Image Analysis and Recognition, 2009: 54.

[62] Helmli F S, Scherer S. Adaptive shape from focus with an error estimation in light microscopy [C]. Second International Symposium on Image and Signal Processing and Analysis, 2001.

[63] Nayar S K, Nakagawa Y. Shape from focus [J]. IEEE Transactions on Pattern Analysis and Machine Intelligence, 1994, 16 (8): 824-831.

[64] Huang W, Jing Z. Evaluation of focus measures in multi-focus image fusion [J]. Pattern Recognition Letters, 2007, 28 (4): 493-500.

[65] Hariharan H, Koschan A, Abidi M A. Multi-focus image fusion by establishing focal connectivity [C]. Proceedings of IEEE International Conference on Image Processing, San Antonio TX, 2007 (3): 321-324.

[66] Zhang Y, Ge L. Efficient fusion scheme for multi-focus images by using blurring measure [J]. Digital Sig. Process., 2009, 19 (2): 186-193.

[67] Tian J, Chen L, Ma L, et al. Multi-focus image fusion using a bilateral gradient-based sharpness criterion [J] Optics Communications, 2011, 284 (1): 80-87.

[68] Zhao H, Shang Z, Tang Y, et al. Multi-focus image fusion based on the neighbor distance [J]. Pattern Recognition, 2013, 46 (3): 1002-1011.

[69] Goshtasby A. Fusion of multifocus images to maximize image information [C]. Defense and Security Symposium, 2006: 17-21.

[70] Wu W, Yang X, Pang Y, et al. A multifocus image fusion method by using hidden Markov model [J]. Optics Communications, 2013, 287: 63-72.

[71] Burt P J, Adelson E H. Merging images through pattern decomposition [C]. Proceedings of SPIE on Application of Digital Image Processing Ⅷ, 1985, 575 (3): 173-181.

[72] Toet A. Image fusion by a ratio of low-pass pyramid [J]. Patten Recognition Letters, 1989, 9 (4): 245-253.

[73] Toet A, Ruyven V, Valeton J M. Merging thermal and visual images by a contrast pyramid [J]. Optical Engineering, 1989, 28 (7): 789-792.

[74] Toet A. Multiscale contrast enhancement with application to image fusion [J]. Optical Engineering, 1992, 31 (5): 1026-1031.

[75] Toet A. A morphological pyramidal image decomposition [J]. Pattern Recognition Letters, 1989, 9 (4): 255-261.

[76] Burt P J. A gradient pyramid basis for pattern selective image fusion [C]. Proceedings of the Society for Information Display Conference, San Jose: SID Press, 1992: 467-470.

[77] Liu Z, Tsukada K, Hanasaki K, et al. Image fusion by using steerable pyramid [J]. Pattern Recognition Letters, 2001, 22 (9): 929-939.

[78] Barron D R, Thomas O D J. Image fusion though consideration of texture components [J]. IEEE Transactions on Electronics Letters, 2001, 37 (12): 746-748.

[79] Li H, Manjunath B S, Mitra S K. Multisensor image fusion using the wavelet transform [J]. Graphical Models and Image Processing, 1995, 57 (3): 235-245.

[80] Chipman L J, Orr T M. Wavelets and images fusion [J]. Proceedings of IEEE International Conference on Image Processing, Washington D. C., 1995: 248-251.

[81] Yang B, Jing Z. Image fusion using a low-redundancy and nearly shift-invariant discrete wavelet frame [J]. Optics Engineering, 2007, 46 (10): 107002.

[82] Wan T, Canagarajah N, Achim A. Segmentation-driven image fusion based on alpha-stable modeling of wavelet coefficients [J]. IEEE Transactions on Multimedia, 2009, 11 (4): 624-633.

[83] Bhatnagar G, Raman B. A new image fusion technique based on directive contrast [J]. Electron. Lett. Comput. Vis. Image Anal., 2009, 8 (2): 18-38.

[84] Yang Y. A novel DWT based multi-focus image fusion method [J]. Procedia Engineering, 2011, 24: 177-181.

[85] Li H, Chai Y, Yin H, et al. Multifocus image fusion and denoising scheme based on homogeneity similarity [J]. Opt. Commun., 2012, 285 (2): 91-100.

[86] Chen T, Zhang J, Zhang Y. Remote sensing image fusion based on ridgelet transform [C]. Proceedings of International Conference on Geoscience and Remote Sensing Symposium, 2005: 1150-1153.

[87] Qu X, Yan J, Xie G, et al. A novel image fusion algorithm based on bandelet transform [J]. Chinese Optics Letters, 2007, 5 (10): 569-572.

[88] Nencini F, Garzelli A, Baronti S, et al. Remote sensing image fusion using the curvelet transform [J]. Information Fusion, 2007, 8 (2): 143-156.

[89] Tessens L, Ledda A, Pizurica A, et al. Extending the depth of field inmicroscopy through curvelet-based frequency-adaptive image fusion [C]. Proceedings of IEEE International Conference on Acoustics, Speech andSignal Processing, Honolulu, Hawaiian Islands, 2007: 1861-1864.

[90] Miao Q, Wang B. A novel image fusion method using contourlet transform [C]. Communications, Circuits and Systems Proceedings, 2006 International Conference on IEEE, 2006, 1: 548-552.

[91] Redondo R, Šroubek F, Fischer S, et al. Multifocus image fusion using the log-Gabor transform and a multisize windows technique [J]. Information Fusion, 2009, 10 (2): 163-171.

[92] Yang S, Wang M, Jiao L, et al. Image fusion based on a new contourlet packet [J]. Information Fusion, 2010, 11 (2): 78-84.

[93] Ma Y, Zhai Y, Geng P, et al. A novel algorithm of image fusion based on PCNN and shearlet [J]. International Journal of Digital Content Technology & Its Applications, 2011, 5 (12):347-354.

[94] Bhatnagar G, Wu Q M J. An image fusion framework based on human visual system in framelet domain [J]. Int. J. Wavelets Multiresolut. Inf. Process., 2012, 10 (1): 1150002.

[95] Yang S, Wang M, Jiao L. Fusion of multispectral and panchromatic images based on support value transform and adaptive principal component analysis [J]. Information Fusion, 2012, 13 (3): 177-184.

[96] Zhang Q, Guo B. Multifocus image fusion using the nonsubsampled contourlet transform [J]. Signal Processing, 2009, 89 (7): 1334-1346.

[97] Li T, Wang Y. Biological image fusion using a NSCT based variable-weight method [J]. Information Fusion, 2010, 12 (2): 85-92.

[98] Yu S, Enen R, Dang J, et al. A nonsubsampled contourlet transform based medical image fusion method [J]. Information Technology Journal, 2013, 12 (4): 749-755.

[99] Li S, Yang B, Hu J. Performance comparison of different multi-resolution transforms for image fusion [J]. Information Fusion, 2011, 12 (2): 74-84.

[100] Li S, Yang B. Multifocus image fusion by combining curvelet and wavelet transform [J]. Pattern Recognition Letters, 2008, 29 (9): 1295-1301.

[101] Shah P, Merchant S N, Desai U B. Fusion of surveillance images in infrared and visible band using curvelet, wavelet and wavelet packet transform [J]. Int. J. Wavelets Multiresolut. Inf. Process., 2010, 8 (2): 271-292.

[102] Liu F, Liu J, Gao Y. Image fusion based on wedgelet and wavelet [C]. Intelligent Signal Processing and Communication Systems, 2007. ISPACS 2007. International Symposium, Xiamen, 2007: 682-685.

[103] 陈木生. 基于 Contourlet 变换和模糊理论的图像融合算法 [J]. 激光与红外, 2012, 42 (6): 695-698.

[104] Wang Z, Wang J, Zhao D, et al. Image fusion based on Shearlet and improved PCNN [J]. Laser & Infrared, 2012, 2: 023.

[105] Mahyari A G, Yazdi M. A novel image fusion method using curvelet transform based on linear dependency test [C]. Digital Image Processing, 2009 International Conference on IEEE, 2009: 351-354.

[106] Liu Y, Jin J, Wang Q, et al. Region level based multi-focus image fusion usingquaternion wavelet and normalized cut [J]. Signal Processing, 2014, 97: 9-30.

[107] Daneshvar S, Ghassemian H. MRI and PET image fusion by combining IHS and retina-inspired models [J]. Information Fusion, 2010, 11 (2): 114-123.

[108] Yang B, Li S. Multi-focus image fusion and restoration with sparse representation [J]. IEEE Transactions on Instrumentation and Measurement, 2010, 59 (4): 884-892

[109] Chen L, Li J, Chen CL. Regional multifocus image fusion using sparse representation [J]. Optics Express, 2013, 21 (4): 5182-5197.

[110] Yin H, Li S, Fang L. Simultaneous image fusion and super-resolution using sparse representation [J]. Information Fusion, 2013, 14 (3): 229-240.

[111] Bai X, Zhou F, Xue B. Image enhancement using multiscale image features extracted by top-hat transform [J]. Optics & Laser Technology, 2012, 44: 328-336.

[112] Jiang Y, Wang M. Image fusion with morphological component analysis [J]. Information Fusion, 2014, 18: 107-118.

[113] Yin M, Liu W, Zhao X, et al. A novel image fusion algorithm based on nonsubsampled shearlet transform [J]. Optik-International Journal for Light and Electron Optics, 2014, 125 (10): 2274-2282.

[114] 王保云. 图像质量客观评价技术研究 [D]. 合肥: 中国科学技术大学博士论文, 2010.

[115] Li S, Kang X, Hu J, et al. Image matting for fusion of multi-focus images in dynamic scenes [J]. Information Fusion, 2013, 14 (2): 147-162.

[116] Wang Z, Bovik A C, Sheikh H R, et al. Image quality assessment: from error visibility to structural similarity [J]. IEEE Transactions on Image Processing, 2004, 13: 600-612.

[117] Wang Z, Bovik A C. A universal image quality index [J]. IEEE Signal Processing Letters, 2002, 9: 81-84.

[118] Piella G, Heijmans H. A new quality metric for image fusion [C]. Proceedings of International Conference on Image Processing, Barcelona, Catalonia, Spain, 2003: III-173-III-176.

[119] Yang B, Li S. Pixel-level image fusion with simultaneous orthogonal matching pursuit [J]. Information Fusion, 2012, 13: 10-19.

[120] 彭义刚, 索金莉, 戴琼海, 等. 从压缩传感到低秩矩阵恢复: 理论与应用 [J]. 自动化学报, 2013, 38 (12): 1-14.

[121] 史加荣, 郑秀云, 魏宗田, 等. 低秩矩阵恢复算法综述 [J]. 计算机应用研究, 2013, 30 (6): 1601-1605.

[122] Donoho D L. Compressed sensing [J]. Information Theory, IEEE Transactions on, 2006, 52 (4): 1289-1306.

[123] Candès E J, Wakin M B. An introduction to compressive sampling [J]. Signal Processing Magazine, IEEE, 2008, 25 (2): 21-30.

[124] Wright J, Yang A Y, Ganesh A, et al. Robust face recognition via sparse representation [J]. Pattern Analysis and Machine Intelligence, IEEE Transactions on, 2009, 31 (2): 210-227.

[125] Wright J, Ma Y, Mairal J, et al. Sparse representation for computer vision and pattern recognition [J]. Proceedings of the IEEE, 2010, 98 (6): 1031-1044.

[126] Wright J, Ganesh A, Rao S, et al. Robust principal component analysis: Exact recovery of corrupted low-rank matrices via convex optimization [C]. Advances in neural information processing systems, 2009: 2080-2088.

[127] Candès E J, Li X, Ma Y, et al. Robust principal component analysis? [J]. Journal of the ACM (JACM), 2011, 58 (3): 11.

[128] Xu H, Caramanis C, Sanghavi S. Robust PCA via outlier pursuit [J]. Information Theory,

IEEE Transactions on, 2012, 58 (5): 3047-3064.

[129] Candès E J, Recht B. Exact matrix completion via convex optimization [J]. Foundations of Computational mathematics, 2009, 9 (6): 717-772.

[130] Candes E J, TAO T. The power of convex relaxation: Near-optimal matrix completion [J]. IEEE Transactions on Information Theory, 2010, 56 (5): 2053-2080.

[131] Liu G, Lin Z, Yu Y. Robust subspace segmentation by low-rank representation [C]. Proceedings of the 27th International Conference on Machine Learning (ICML-10), 2010: 663-670.

[132] Liu G, Xu H, Yan S. Exact subspace segmentation and outlier detection by low-rank representation [C]. Proceedings of International Conference on Artificial Intelligence and Statistics, La Palma, Canary Islands, 2012: 703-711.

[133] Liu G, Lin Z, Yan S, et al. Robust recovery of subspace structures by low-rank representation [J]. IEEE Transactions on Pattern Analysis and Machine Intelligence, 2013, 35 (1): 171-184.

[134] De la Torre F, Black M J. Robust principal component analysis for computer vision [C]. Computer Vision, 2001. ICCV 2001. Proceedings. Eighth IEEE International Conference on IEEE, 2001, 1: 362-369.

[135] Wan T, Liao R, Qin Z. A robust feature selection approach using low rank matrices for breast tumors in ultrasounic images [C]. Proc. of the IEEE Int. Conf. on Image Processing, 2011: 1645-1648.

[136] Torre F D, Blac M J. A framework for robust subspace learning [J]. International Journal of Computer Vision, 2003, 54 (1-2): 117-142.

[137] 李华锋. 多聚焦图像像素级融合方法研究 [D]. 重庆: 重庆大学博士学位论文, 2012.

[138] Eckhorn R, Reitboeck H J, et al. Feature linking via synchronization among distributed assemblies: Simulation of results from cat cortex [J]. Neural Computation, 1990, 2: 293-307.

[139] Broussard R P, Rogers S K, et al. Physiologically motivated image fusion for object detection using a pulse coupled neural network [J]. IEEE Transaction Neural Networks, 1999, 10: 554-563.

[140] Johnson J L, Ranganath H S, et al. Pulse coupled neuralnet works [J]. Neural Networks and Pattern Recognition, 1998: 1-56.

[141] Miao Q, Wang B. A novel adaptive multi-focus image fusion algorithm based on PCNN and sharpness [C]. Defense and Security. International Society for Optics and Photonics, 2005: 704-712.

[142] Huang W, Jing Z L. Multi-focus image fusion using pulse coupledneural network [J]. Pattern Recognition Letters, 2007, 28 (9): 1123-1132.

[143] Qu X, Yan J, Xiao H, et al. Image fusion algorithm based on spatial frequency-motivated pulse coupled neural networks in nonsubsampled contourlet transform domain [J]. Acta Automatica Sinica, 2008, 34 (2): 1508-1514.

[144] Wang Z, Ma Y, Gu J. Multi-focus image fusion using PCNN [J]. Pattern Recognition: Journal of the Pattern Recognition Society, 2010, 43 (6): 2003-2016.

[145] Geng P, Zheng X, Zhang Z, et al. Multifocus Image Fusion with PCNN in Shearlet Domain [J]. Research Journal of Applied Sciences, Engineering and Technology, 2012, 4 (15): 2283-2290.

[146] Miao Q G, Shi C, Xu P, et al. A novel algorithm of image fusion using shearlets [J]. Optics Communications, 2011, 284 (6): 1540-1547.

[147] Basri R, Jacobs D W. Lambertian reflectance and linear subspaces [J]. IEEE Transactions on Pattern Analysis and Machine Intelligence, 2003, 25 (2): 218-233.

[148] Natarajan B K. Sparse approximate solutions to linear systems [J]. SIAM Journal of Computing, 1995, 24 (2): 227-234.

[149] Recht B, Fazel M, Parrilo P A. Guaranteed minimum-rank solutions of linear matrix equations via nuclear norm mini-mization [J]. SIAM Review, 2010, 52 (3): 471-501.

[150] Cai J F, Candes E J, Shen Z W. A singular value thresholding algorithm for matrix completion [J]. SIAM Journal on Optimization, 2010, 20 (4): 1956-1982.

[151] Beck A, Teboulle M. A fast iterative shrinkage-thresholding algorithm for linear inverse problems [J]. SIAM Journal on Imaging Sciences, 2009, 2 (1): 183-202.

[152] Lin Z C, Ganesh A, Wright J, et al. Fast convex optimization algorithms for exact recovery of a corrupted low-rank matrix [R]. Technical Report UILU-ENG-09-2214, UIUC, 2009.

[153] Lin Z, Chen M, Wu L, et al. The augmented Lagrange multi-plier method for exact recovery of corrupted low-rank matrices [R]. UIUC Technical Report UILU-ENG-09-2215, 2009: 1-20.

[154] Yuan X, Yang J. Sparse and low-rank matrix decomposition via alternating direction methods [R]. Technical Report, Dept. of Mathematics, Hong Kong Baptist University, 2009.

http://www.optimization-online.org/DB_FILE/2009/11/2447.pdf.

[155] Wan T, Zhub C C, Qin Z C. Multifocus Image Fusion Based on Robust Principal Component Analysis [J]. Pattern Recognition Letters, 2013, 34 (9): 1001-1008.

[156] Ranganath H S, Kuntimad G, Johnson J L. Pulse coupled neural networks for image processing [C]. Proc. of IEEE Southeast Raleigh, NC, 1995: 37-43.

[157] Ranganath H S, Kuntimad G. Iterative segmentation using pulse coupled neural networks [C]. Proc. of SPIE, 1996, 2760: 543-554.

[158] 刘勍. 基于脉冲耦合神经网络的图像处理若干问题研究 [D]. 西安: 西安电子科技大学博士学位论文, 2011.

[159] Kuntimad G, Ranganath H S. Perfect image segmentation usingpulse coupled neural networks [J]. Neural Networks, IEEE Transactions on, 1999, 10 (3): 591-598.

[160] Gu X, Yu D, Zhang L. Image shadow removal using pulse coupled neural network [J]. IEEE Transactions on Neural Networks, 2005, 16 (3): 692-698.

[161] Image fusion toolbox: http://www.imagefusion.org/.

[162] RPCA toolbox: http://perception.csl.illinois.edu/matrix-rank/sample_code.html.

[163] PCNN toolbox: http://quxiaobo.go.8866.org/project/PCNN/PCNN_toolbox.rar.

[164] López-Rubio E, Luque-Baena R M. An adaptive system for compressed video de-blocking [J]. Signal Processing, 2014.

[165] Buccafurri F, Furfaro F, Mazzeo G M, et al. A quad-tree based multiresolution approach for two-dimensional summary data [J]. Information Systems, 2011, 36 (7): 1082-1103.

[166] Jagadeesh P, Nagabhushan P, Kumar R P. A novel image scrambling technique based on information entropy and quad tree decomposition [J]. International Journal of Computer Science Issues, 2013, 10 (2): 285-294.

[167] Aouat S. Shape codification indexing and retrieval using the quad-tree structure [J]. International Journal of Computer Vision and Image Processing (IJCVIP), 2013, 3 (1): 1-21.

[168] Malleson Charles, Collomosse J, et al. Virtual Volumetric Graphics on Commodity Displays Using 3D Viewer Tracking [J]. International Journal of Computer Vision, 2014, 101 (3): 519-532.

[169] Fu G, Zhao H, Li C, et al. Segmentation for high-resolution optical remote sensing imagery using improved quadtree and region adjacency graph technique [J]. Remote Sensing, 2013, 5 (7): 3259-3279.

[170] Cavalin P R, Kapp M N, Martins J, et al. A multiple feature vector framework for forest

species recognition [C]. Proceedings of the 28th Annual ACM Symposium on Applied Computing. ACM, 2013: 16-20.

[171] Chow B S. An Efficient Image Processing on Sensor Networks [C]. AICT 2013. The Ninth Advanced International Conference on Telecommunications, 2013: 94-99.

[172] Kumar V V S. Quadtree Coding Scheme for Image Compression Using Wavelet Transform [J]. Journal of Computer and Mathematical Sciences, 2013, 4 (1): 1-79.

[173] Zhang C, Zhang Y, Zhang W, et al. Inverted linear quadtree: Efficient top k spatial keyword search [C]. Data Engineering (ICDE), 2013 IEEE 29th International Conference on IEEE, 2013: 901-912.

[174] Hou F, Huang C H, Lu J Y. A Multi-dimensional Data Storage Using Quad-tree and Z-Ordering [J]. Applied Mechanics and Materials, 2013, 347: 2436-2441.

[175] Aouat S, Larabi S. Object Retrieval Using the Quad-Tree Decomposition [J]. Journal of Intelligent Systems, 2014, 23 (1): 33-47.

[176] Li M X, Hou D D, Xia X H, et al. A review: color image segmentation based on color space [J]. Applied Mechanics and Materials, 2013, 401: 1310-1314.

[177] Joshi S, Shire A. A review of enhanced algorithm for color image segmentation [J]. Int. Journal of Advanced Research in Computer Science and Software Engineering, 2013: 3.

[178] Vala M H J, Baxi A. A review on Otsu image segmentation algorithm [J]. International Journal of Advanced Research in Computer Engineering & Technology (IJARCET), 2013, 2 (2):387-389.

[179] Chen P C, Pavlidis T. Image Segmentation as an Estimation Problem [J]. Computer Graphics and Image Processing, 1980, 12 (2): 153-172.

[180] Spann M, Wilson R. A quad-tree approach to image segmentation which combines statistical and spatial information [J]. Pattern Recognition, 1985, 18 (3): 257-269.

[181] Burt P J, Hong T H, Rosenfeld A. Segmentation and estimation of image region properties through cooperative hierarchical computation [J]. IEEE Trans. Syst. Man. Cybernet. SMC-Ⅱ, 1981: 802-809.

[182] 梁德群. 基于区域一致性测度的多尺度边缘检测方法 [J]. 自动化学报, 1999, 25 (6): 757-762.

[183] 吴高洪, 章毓晋, 林行刚. 利用小波变换和特征加权进行纹理分割 [J]. 中国图象图形学报, 2001, 6 (1).

[184] 朱建军. 层次分析法的若干问题研究及应用 [D]. 沈阳: 东北大学博士学位论

文, 2005.

[185] Zhao H, Wang Q, Wu W, et al. An Improved Method Research of SAR Images Thresholding Segmentation [M]. Unifying Electrical Engineering and Electronics Engineering. New York: Springer, 2014: 1151-1157.

[186] Muhsin Z F, Rehman A, Altameem A, et al. Improved quadtree image segmentation approach to region information [J]. The Imaging Science Journal, 2014, 62 (1): 56-62.

[187] NSCT toolbox: http://www.ifp.illinois.edu/minhdo/software/.

[188] Mallat S. A wavelet tour of signal processing: the sparse way [M]. Access Online via Elsevier, 2008.

[189] 叶传奇. 基于多尺度分解的多传感器图像融合算法研究 [D]. 西安: 西安电子科技大学博士学位论文, 2009.

[190] Do M N, Vetterli M. Contourlets: a new directional multiresolution image representation [C]. Signals, Systems and Computers, 2002. Conference Record of the Thirty-Sixth Asilomar Conference on IEEE, 2002, 1: 497-501.

[191] Burt P J, Adelson E H. The laplacian pyramid as a compact image code [J]. IEEE Transactions on Communications, 1983, 31 (4): 432-540.

[192] Cunha A L, Zhou J, Do M N. The nonsubsampled contourlet transform: Theory, design, and applications [J]. IEEE Trans. Image Proc., 2006, 15 (10): 3089-3101.

[193] Li M, Dong Y, Li J. Overview of pixel level image fusion algorithm [J]. Applied Mechanics and Materials, 2014, 519-520: 590-593.

[194] Vese L A, Osher S J. Modeling textures with total variation minimization and oscillating patterns in image processing [J]. Journal of Scientific Computing, 2003, 19 (1-3): 553-572.

[195] 李峰, 曾晓辉, 陈盛霞, 等. 基于算子的图像分解 [J]. 中国图象图形学报, 2013, 16 (001): 86-92.

[196] Vese L A, Osher S J. Image Denoising and Decomposition with Total Variation Minimization and Oscillatory Functions: Special Issue on Mathematics and Image Analysis [J]. Journal of Mathematical Imaging and Vision, 2004, 20 (1-2): 7-18.

[197] Aujol J F, Aubert G, Blanc-Féraud L, et al. Image decomposition into a bounded variation component and an oscillating component [J]. Journal of Mathematical Imaging and Vision, 2005, 22 (1): 71-88.

[198] Aujol J F, Gilboa G, Chan T, et al. Structure-texture image decomposition modeling, algo-

rithms, and parameter selection [J]. International Journal of Computer Vision, 2006, 67 (1):111-136.

[199] Buades A, Le T M, Morel J M, et al. Fast cartoon + texture image filters [J]. Image Processing, IEEE Transactions on, 2010, 19 (8): 1978-1986.

[200] Athavale P, Tadmor E. Integro-Differential Equations Based on (BV, L^1) Image Decomposition [J]. SIAM Journal on Imaging Sciences, 2011, 4 (1): 300-312.

[201] Fadili M J, Starck J L, Bobin J, et al. Image decomposition and separation using sparse representations: an overview [J]. Proceedings of the IEEE, 2010, 98 (6): 983-994.

[202] Mumford D, Shah J. Optimal approximations by piecewise smooth functions and associated variational problems [J]. Communications on Pure and Applied Mathematics, 1989, 42 (5): 577-685.

[203] 冯志林, 尹建伟, 陈刚. Mumford-Shah 模型在图像分割中的研究 [J]. 中国图象图形学报, 2004, 9 (2): 151-158.

[204] Rudin L, Osher S, Fatemi E. Nonlinear Total Variation based Noise Removal Algorithms [D]. Phys. D: Nonlinear Phenom. 1992, 60 (1-4): 259-268.

[205] Meyer Y. Oscillating patterns in image processing and nonlinear evolution equations [R]. University Lecture Series, AMS, 22, 2001.

[206] Osher S, Sole A, Vese L. Image decomposition and restoration using total variation minimization and the H-1 norm [J]. J. Sci. Comput., 2003, 1 (3): 349-370.

[207] Aujol J F, Chambolle A. Dual norms and image decomposition models [J]. International Journal of Computer Vision, 2005, 63 (1): 85-104.

[208] Chana T F, Esedoglua S, Park F E. Image decomposition combining staircase reduction and texture extraction [J]. Journal of Visual Communication and Image Representation, 2007, 18 (6): 464-486.

[209] Goldstein T, Osher S. The split bregman method for L1-regularized problems [J]. SIAM Journal on Imaging Sciences, 2009, 2 (2): 323-343.

[210] Wang Y L, Yang J F, Yin W T, et al. A new alternating minimization algorithm for total variation image reconstruction [J]. SIAM Journal on Imaging Sciences, 2008, 1 (3): 248-272.

[211] Osher S, Burger M, Goldfarb D, et al. An lterative regularization method for total variation-based image restoration [J]. Multiscale Modeling and Simulation, 2005, 4 (2): 460-489.

[212] Bae E, Yuan J, Tai X C. Simultaneous convex optimization of regions and region parameters in image segmentation models [M]. Innovations for Shape Analysis. Berlin Heidelberg: Springer, 2013: 421-438.

[213] Sathe C P, Hingway S P, Suresh S S. Image Restoration using Inpainting [J]. International Journal, 2014, 2 (1): 288-292.

[214] Liu X, Huang L. A new nonlocal total variation regularization algorithm for image denoising [J]. Mathematics and Computers in Simulation, 2014, 97: 224-233.

[215] Boyd S P, Vandenberghe L. Convex optimization [M]. Cambridge: Cambridge university press, 2004.

[216] Zou J, Fu Y. Split Bregman algorithms for sparse group Lasso with application to MRI reconstruction [J]. Multidimensional Systems and Signal Processing, 2014: 1-16.

[217] 樊启斌, 焦雨领. 变分正则化图象复原模型与算法综述 [J]. 数学进展, 2012, 41 (5): 531-546.

[218] Split Bregman toolbox: http: //tag7. web. rice. edu/Split_ Bregman_ files/.

[219] Starck J L, Murtagh F, Fadili JM. Sparse image and signal processing: wavelets, curvelets, morphological diversity [M]. Cam bridge: Cambridge University Press, 2010.

[220] Lee D D, Seung H S. Learning the parts of objects by non-negative matrix factorization [J]. Nature, 1999, 401 (6755): 788-791.

[221] Lee D D, Seung H S. Algorithm for non-negative matrix factorization [J]. Adv. Neural Inf. Process. Syst., 2001, 13: 556-562.

[222] Zhang J Y, Wei L, Miao Q G, et al. Image fusion based on non-negative matrix factorization [C]. 2004 International Conference on Image Processing (ICIP 2004), vol. 2, Singapore, 2004.

[223] Xu L, Dong J Y, Cai C, et al. Multi-focus image fusing based on non-negative matrix factorization [C]. Mechatronics and Machine Vision in Practice, M2VIP 2007, 14th, Xiamen, 2007.

[224] Zhang S W, Chen J, Miao D D. An image fusion method based on WNMF and region segmentation [C]. Computational Intelligence and Industrial Application, 2008. PACIIA'08. Pacific-Asia Workshop on Wuhan, 2008.

[225] Ye Y S, Zhao B J, Tang L B. SAR and visible image fusion based on local non-negative matrix factorization [J]. ICEMI, Beijing, 2009.

[226] Wang J, Lai S, Li M. Improved image fusion method based on NSCT and accelerated

NMF [J]. Sensors (Basel), 2012, 12 (5): 5872-5887.

[227] 李乐, 章毓晋. 非负矩阵分解算法综述 [J]. 电子学报, 2008, 36 (4): 737-743.

[228] Luwinda F A, Santika D D. Rank matrix optimization on NMF, LNMF and nsNMF for feature extraction on mammogram classification [J]. Procedia Engineering, 2012, 50: 606-612.

[229] Li S Z, Hou X W, Zhang H J, et al. Learning spatially localized, parts-based representation [C]. Proc. of Comp. Vision and Pattern Recognition, 2001, I: 207-212.

[230] Liu W, Zheng N, Lu X. Non-negative matrix factorization for visual coding [C]. Proc. of IEEE Int. Conf. on Acoustics, Speech and Signal Processing, 2003, III: 293-296.

[231] Hoyer P O. Non-negative matrix factorization with sparseness constraints [J]. J. of Mach Learning Re., 2004, 5 (9): 1457-1469.

[232] Zhan C, Li W, Ogunbona P. Measuring the degree of face familiarity based on extended NMF [J]. ACM Transactions on Applied Perception, 2013, 10 (2).

[233] Guillamet D, Vitria J. Color histogram classification using NMF [EB/OL]. http://citeseer.nj.nec.com/ 546491.html, 2001.

[234] Eskicioglu A M, Fisher P S. Image quality measures and their performance [J]. IEEE Trans. Commun., 1995, 43 (12): 2959-2965.

[235] Tenenbaum J M. Accommodation in computer vision [M]. 1970, Stanford University.

[236] Shirvaikar M V. An optimal measure for camera focus and exposure [C]. System Theory, 2004. Proceedings of the Thirty-Sixth Southeastern Symposium on. IEEE, 2004: 472-475.

[237] NMF toolbox: http://www.cs.helsinki.fi/patrik.hoyer/.